Praveen Math

Força Tarefa Especial ROBO

Praveen Math

Força Tarefa Especial ROBO

ScienciaScripts

Imprint
Any brand names and product names mentioned in this book are subject to trademark, brand or patent protection and are trademarks or registered trademarks of their respective holders. The use of brand names, product names, common names, trade names, product descriptions etc. even without a particular marking in this work is in no way to be construed to mean that such names may be regarded as unrestricted in respect of trademark and brand protection legislation and could thus be used by anyone.

Cover image: www.ingimage.com

This book is a translation from the original published under ISBN 978-613-7-43443-7.

Publisher:
Sciencia Scripts
is a trademark of
Dodo Books Indian Ocean Ltd. and OmniScriptum S.R.L publishing group

120 High Road, East Finchley, London, N2 9ED, United Kingdom
Str. Armeneasca 28/1, office 1, Chisinau MD-2012, Republic of Moldova, Europe
Printed at: see last page
ISBN: 978-620-5-70012-9

ÍNDICE

CAPÍTULO 1

INTRODUÇÃO DO ROBÔ

1.1 INTRODUÇÃO

A robótica é uma componente proeminente da automatização do fabrico que afectará o trabalho humano a todos os níveis, desde trabalhadores não qualificados a engenheiros profissionais e gestores de produção. Os futuros robôs podem encontrar aplicações fora da fábrica em bancos, restaurantes, militares e mesmo em casas. Talvez seja possível que a robótica se torne um campo, como a tecnologia informática actual, que perpassa toda a nossa sociedade.

A automatização e a robótica são duas tecnologias intimamente relacionadas. Num contexto industrial, podemos definir a automação como uma tecnologia que se ocupa da utilização de sistemas mecânicos, electrónicos e informáticos na operação de máquinas de montagem mecanizada, sistemas de controlo de feedback (aplicados ao processo industrial), máquinas-ferramentas controladas numericamente, e robôs. Consequentemente, a robótica é uma forma de automatização industrial.

Existem três grandes classes de automação industrial: automação fixa, automação programável e automação flexível. A automatização fixa é utilizada quando o volume de produção é muito elevado e é por isso apropriado conceber equipamento especializado para processar o produto (ou um componente de um produto) de forma muito eficiente e com taxas de produção elevadas. Um bom exemplo de automatização fixa pode ser encontrado na indústria automóvel, onde são utilizadas linhas de transferência altamente integradas que consistem em várias dezenas de estações de trabalho para realizar operações de maquinação em componentes de motores e transmissões. A economia da automatização fixa é tal que o custo do equipamento especial pode ser dividido por um grande número de unidades, e os custos unitários resultantes são baixos relacionados com métodos alternativos de produção. O risco encontrado com a automatização fixa é este; uma vez que o custo de investimento inicial é elevado, se o volume de produção se revelar inferior ao previsto, então o custo unitário torna-se maior do que o previsto. Outro problema com a automatização fixa é que o equipamento é especialmente concebido para produzir o produto on e, e depois desse ciclo de vida do produto estar terminado, é provável que o equipamento se torne obsoleto. Para produtos com ciclos de vida curtos, a utilização de automatização fixa representa uma grande aposta.

A automatização programável é utilizada quando o volume de produção é relativamente baixo e há uma variedade de produtos a serem fabricados. Neste caso, o equipamento de produção é concebido para se adaptar às variações na configuração do produto. Esta característica de adaptabilidade é conseguida operando o equipamento sob o controlo de um "programa" de instruções que foi preparado especialmente para o produto em questão. O programa é lido no equipamento de produção, e o equipamento executa a sequência particular de operação de processamento (ou montagem) para fazer esse produto. Em termos económicos, o custo do equipamento programável pode ser repartido por um grande número de produtos, mesmo que os produtos sejam diferentes. Devido à característica de programação, e à consequente adaptabilidade do equipamento, muitos produtos diferentes e únicos podem ser feitos economicamente em pequenos lotes.

A ficção científica contribuiu sem dúvida para o desenvolvimento da robótica, ao plantar ideias na mente dos jovens que poderiam enveredar por carreiras na robótica e chorar ao criar consciência entre o público sobre esta tecnologia.A robótica é uma ciência de engenharia aplicada que tem sido referida como a combinação de tecnologia de máquinas-ferramenta e ciência da computação. Inclui campos aparentemente tão diversos como a concepção de máquinas, teoria de controlo, micro electrónica, programação de computadores, inteligência artificial, factores humanos e teoria de produção. A investigação e o desenvolvimento estão a avançar em todas estas áreas para melhorar o modo como a robótica funciona. É provável que os esforços de investigação resultem em robótica futura, o que faz com que as máquinas de hoje pareçam bastante primitivas. O avanço da tecnologia de locomoção robotizada irá alargar o âmbito das aplicações industriais do robô.

A engenharia militar inclui tecnologias novas e capacitantes, bem como as que podem ser reconvertidas e integradas devido aos avanços tecnológicos. Atribui valores e parâmetros às tecnologias e cobre o espectro tecnológico mundial.

As armas convencionais têm-se centrado tradicionalmente na tecnologia e sistemas para destruir pessoal, material e infra-estruturas inimigas e recentemente tem sido dada uma ênfase crescente à incapacitação através de armas não letais.

Estes exigentes objectivos militares dependem dos contínuos avanços das tecnologias que apoiam e permitem este sistema de armamento. Ao contrário das armas de destruição maciça, que produzem danos indiscriminados numa grande área, as armas convencionais são concebidas para efeitos específicos em alvos específicos para uma eficácia definida contra uma área alvo relativamente pequena.

Um maior acesso às mesmas tecnologias comerciais para aplicações militares terá o efeito de nivelar o campo de batalha, particularmente em comunicações, informação e, em alguns casos, arma de entrega de precisão.

Como vimos a ameaça externa do inimigo do outro lado da fronteira e também os ataques terroristas do inimigo interno espalhados entre os nossos nacionais. Temos de combater tanto a situação como, ao fazê-lo, estamos a perder as nossas preciosas vidas e bens.

Não podemos esquecer o 11 de Setembro onde 101 pessoas, incluindo nove estrangeiros e 14 polícias, perderam a vida enquanto mais de 400 pessoas ficaram feridas no pior ataque terrorista visto no país, no qual homens desesperados dispararam indiscriminadamente contra as pessoas.

Temos de conceber a automatização para reduzir tal situação, onde possamos controlar atempadamente tal situação, evitando os danos adicionais e ter a informação em primeira mão da situação.

CAPÍTULO 2

HISTÓRIA DO ROBÔ

2.1 HISTÓRIA DA ROBÓTICA

A palavra robô teve origem na palavra Chez Robota, que significa trabalho. O dicionário Webster define robô como "um dispositivo automático que desempenha funções normalmente atribuídas a seres humanos". Uma definição utilizada pelo Robotic Institute of America dá uma descrição mais precisa dos robôs industriais: "Um robô é um manipulador multi-funcional capaz de reprogramar, concebido para mover materiais, peças, ferramentas, ou dispositivos especializados, através de movimentos programados variáveis para o desempenho de uma variedade de tarefas". Em suma, um robô é um manipulador com capacidade de reprogramação geral com sensores externos que pode executar várias tarefas de montagem. Com esta definição, um robô deve possuir inteligência que normalmente se deve a algoritmos informáticos associados ao seu controlo e ao seu sistema de detecção.

A ficção científica contribuiu sem dúvida para o desenvolvimento da robótica, ao plantar ideias no meio de jovens que poderiam embarcar em carreiras na robótica, e ao criar consciência entre o público sobre esta evolução tecnológica ao longo dos anos que contribuíram para a substância da robótica.

Alguns dos primeiros desenvolvimentos no campo dos autómatos merecem ser mencionados, embora nem sequer tratem directamente da robótica. Nos séculos XVII e XVIII, houve uma série de engenhosos dispositivos mecânicos que tinham algumas das características dos robôs. Jacques de Vaucanson enterrou vários músicos de tamanho humano em meados da década de 1770. Essencialmente, estes eram robôs mecânicos concebidos para um fim específico: entretenimento. Em 1805, Hemi Maillardet construiu um boneco mecânico que era capaz de desenhar figuras. Uma série de cames foi utilizada como "programa" para guiar o dispositivo no processo de escrita e desenho. O boneco de escrita Maillardet está em exposição no Instituto Franklin em Filadélfia, Pennsylvania. Estas criações mecânicas de forma humana devem ser consideradas como invenções isoladas que reflectem o génio dos homens que estavam bem à frente do seu tempo. Houve outras invenções mecânicas durante a revolução industrial, criadas por mentes de igual génio, muitas das quais foram dirigidas ao negócio da produção têxtil. Estas incluíam o tear Hargreaves spinning jenny (1770), o tear Crompton's mule spinner (1779), o tear Cartwright's power (1785), o tear Jacquard (1801), e outras.

Em tempos mais recentes, o controlo numérico e as telequias são duas tecnologias importantes no desenvolvimento da robótica. O controlo numérico (NC) foi desenvolvido para máquinas-ferramentas no final da década de 1940 e início da década de 1950. Como o seu nome sugere, o controlo numérico envolve o controlo das acções de uma máquina-ferramenta através de números. Baseia-se no trabalho original de John Parsons, que concebeu a utilização de cartões perfurados contendo dados de posição para controlar os eixos de uma máquina-ferramenta. Ele demonstrou o seu conceito à Força Aérea dos Estados Unidos, que procedeu ao apoio a um projecto de investigação e desenvolvimento no Massachusetts Institute of Technology. Os projectos do MIT utilizaram uma fresadora de três eixos para demonstrar o protótipo para NC em 1952. O trabalho subsequente no MIT levou ao desenvolvimento do APT (Automatically Programmed Tooling), uma linguagem de programação de peças para realizar a programação da máquina-ferramenta NC. É interessante notar que o tear Jacquard e o piano do leitor, desenvolvido por volta de 1876, podem ser considerados como precursores da ferramenta moderna. Ambos funcionavam utilizando uma forma de fita de papel perfurado como um programa para controlar as acções das respectivas máquinas.

O campo dos teletécnicos trata da utilização de manipuladores controlados à distância para o ser humano. Por vezes chamado teleoperador, o manipulador remoto é um dispositivo mecânico que traduz os movimentos de um operador humano em movimentos correspondentes no local remoto. Um uso comum do teleoperador é na manipulação de substâncias perigosas, tais como materiais radioactivos. O humano pode permanecer num local seguro; no entanto, ao espreitar através de uma janela de vidro com chumbo ou ao ver em circuito fechado de televisão, o operador pode guiar os momentos do braço remoto. Os primeiros dispositivos teletécnicos eram inteiramente mecânicos, mas os sistemas mais modernos utilizam a combinação de sistemas mecânicos e controlo electrónico de feedback. Os trabalhos de concepção de teleoperadores para o manuseamento de materiais radioactivos remontam aos anos 40. Os dispositivos teletécnicos eram utilizados pela comissão de energia atómica a partir da mesma época.

É a combinação de controlo numérico e telegráfico que constitui a base para o robô moderno. O robô é um manipulador mecânico cujos movimentos são controlados por técnicas de programação muito semelhantes às utilizadas no controlo numérico. Há dois indivíduos que devem ser creditados com o reconhecimento da confluência destas duas tecnologias e do potencial que elas podem oferecer em aplicações industriais. O primeiro foi um inventor britânico chamado Cyril Walter Kenward, que solicitou uma patente britânica para um dispositivo robótico em Março de 1954. Esta patente foi emitida em 1957.

A segunda pessoa que deve ser mencionada neste contexto é George C. Devol, o inventor americano, que deve ser creditado com duas invenções que levaram ao desenvolvimento dos robôs dos tempos modernos. A primeira foi um dispositivo para gravar sinais eléctricos magneticamente e reproduzi-los para controlar uma máquina. O dispositivo é datado por volta de 1946 e a patente americana para ele foi emitida em 1952. A segunda invenção foi intitulada "Transferência de Artigo Programado" e a patente americana para este dispositivo foi emitida em 1961.

Joseph F. Engelberger licenciou-se em física na Universidade de Columbia em 1949. Como estudante, tinha lido com fascínio vários dos romances de Asimov. Em meados da década de 1950 era engenheiro chefe de uma divisão espacial Aero de uma empresa localizada em Stamford, Connecticut. A divisão estava no negócio de fazer o controlo dos motores a jacto. Assim, na altura de um encontro casual em 1956, Engelberger estava predisposto pela educação, avocação, e ocupação para o movimento da robótica.

A primeira instalação gravada de um robô único foi na Ford Motor Company para descarga de uma máquina de fundição injectada (é irónico notar que embora a Ford tenha sido uma das primeiras empresas a utilizar um robô, preferindo em vez disso utilizar o termo "dispositivo de transferência universal" ou UTD).

Seguiram-se mais aplicações, lentamente no início, utilizando robôs não só da Unimation, mas também de várias outras empresas nos Estados Unidos, Europa e Japão.

Houve muitas outras contribuições válidas para o campo da robótica, embora o espaço limite a nossa inclusão de todas elas. É apropriado notar algum do trabalho pioneiro na Universidade de Stanford e no Instituto de Investigação de Stanford sobre as linguagens dos robôs orientados para computadores. Em 1973, foi desenvolvida a linguagem experimental chamada WAVE. Seguiu-se o desenvolvimento da língua AL em 1974, outra língua concebida para a investigação. A primeira linguagem de robô comercial foi VAL, desenvolveu Victor Scheinman e Bruce Simano for Unimation, Inc. A linguagem foi utilizada pela primeira vez para programar o robô PUMA da Unimation, um robô de braço articulado relativamente pequeno cujo design se baseava em estudos de automatização de montagem que tinham sido feitos pela General Motors. PUMA significa Programmable Universal Machine and Assembly (Máquina e Montagem Universal Programável).

O trabalho padrão sobre linguagens robotizadas, e muito do trabalho subsequente que tem sido feito na robótica, baseia-se em grande parte nos desenvolvimentos da tecnologia informática. Embora os computadores estivessem certamente disponíveis aquando do nascimento da indústria robótica, só em meados ou finais dos anos 70 é que a economia foi adequada para a utilização de pequenos computadores como controlador de robôs. Hoje em dia, quase todos os robôs introduzidos no mercado utilizam controlos informáticos. De facto, o campo da robótica é frequentemente considerado como uma combinação de tecnologia de máquinas-ferramentas e ciência da computação.

CAPÍTULO 3

OBJECTIVO E METODOLOGIA DE TRABALHO

3.1 OBJECTIVO E CARACTERÍSTICAS SALIENTES

> Este é um veículo de quatro rodas com mecanismo de tracção e direcção accionado por motor de corrente contínua e controlo automático.

> Isto tem detecção de paredes laterais e movimento nas ruas, pode ser ajustado para a detecção de pavimentos e movimento nas ruas até ao fim do caminho pelo qual irá inverter automaticamente no mesmo caminho de volta.

> A detecção de som e o desvio do mecanismo rotativo para olhar, desviar para esse lado.

> Câmara, pistola laser, bocal de gás não letal montado no mecanismo rotativo.

> Uma vez ouvido o som de perturbação, a rotação será focada para esse lado, focando a câmara para ver, focando a arma para apontar e também o bocal de gás não letal para esse lado e também accionando o modem GSM para ligar para os números de telefone que estão a ser alimentados no modem.

> Uma vez recebidos os sinais através de radiofrequência da estação base para apontar a arma e o bocal para a fonte de perturbação.

> Para activar ou disparar a arma para disparar ou explodir o gás não letal, recebendo os sinais da estação base.

3.2 PRINCÍPIO DE TRABALHO

Estamos a fazer um veículo com quatro rodas que pode ser conduzido à frente e atrás, direccionando-o para a esquerda ou para a direita, trabalhando automaticamente através da detecção da parede lateral ou do pavimento do caminho pedonal como definido. Este está a mover-se automaticamente até ao fim da rua ou do percurso como definido e irá sentir e inverter automaticamente para trás sem o controlo de ninguém.

O mecanismo rotativo que é definido para procurar em todo o lado será activado assim que ouvir som pesado ou de perturbação ou gritos. Os sensores de som são fornecidos em ângulos diferentes e o mecanismo rotativo irá parar nesse ângulo para apontar a câmara e a pistola e o bocal de gás não letal. Uma vez ouvido o som de perturbação, que activa o circuito de controlo para activar o mecanismo rotativo e simultaneamente iniciar o circuito de chamada do modem GSM que reinicia o modem GSM para chamar o número de telefone pré-alimentado no mesmo. Repete a chamada até ser recebido pelas autoridades competentes.

A sala de controlo vendo a situação através dos vídeos enviados pela câmara (estamos a utilizar câmara com fios em vez de sem fios devido à consideração do custo neste modelo) no seu monitor pode tomar a decisão adicional para lidar com a situação e pode ter o anúncio de voz da estação base e transmitir os sinais de voz ao robô, que é amplificado e através de altifalantes anunciará. Se necessário, a pessoa da sala de controlo pode focar a câmara minuciosamente através de controlo remoto por radiofrequência a partir da estação de base. A pistola laser pode ser utilizada para disparar laser sobre a máfia ou o terrorista. O gás não letal que é armazenado no Robo pode ser libertado através do bocal que também está a apontar para o som de perturbação ou para a máfia, pode ser operado pelo controlo remoto de rádio a partir da sala de controlo.

O gás não letal armazenado no veículo pode ser activado pelo controlo remoto de radiofrequência a partir da estação de base, de acordo com a situação visualizada e julgada para imobilizar as pessoas na área, evitando os danos adicionais a serem causados por elas. O gás não letal na multidão atingida pela greve é uma acção útil para imobilizá-los temporariamente para uma acção correctiva a fim de evitar os danos que possam causar se forem deixados livres.

CAPÍTULO 4

PESQUISA BIBLIOGRÁFICA

4.1 INTRODUÇÃO

A palavra robô deriva de uma peça de fantasia satírica, "Rossum's Universal Robots", escrita por Karel Capek em 1921. Capek usou a palavra robô para significar trabalho forçado. Foram feitas muitas tentativas para dar um nome diferente inicialmente a estas máquinas. Por exemplo, um dos inventores originais da tecnologia robótica, George Devol, chamou a sua unidade como Programmed Article Transfer e mais tarde, a Ford Motor Company utilizou o termo Universal Transfer Device. No entanto, hoje em dia o termo Robot é tão popular que, está aqui para ficar permanentemente. A Robotics Industries Association (RIA), anteriormente Robotics Institute of America, define robô como o que se segue:

"Um robô industrial é um manipulador programável e multifuncional, concebido para mover materiais, peças, ferramentas ou dispositivos especiais através de movimentos programados variáveis para o desempenho de 'uma variedade de tarefas'.

Um robô industrial é uma máquina de uso geral, programável, com certas características antropomórficas (isto é, semelhantes às humanas), como o braço, por exemplo. Além disso, um robô pode ser programado, ou seja, pode ser dado um conjunto de instruções, que pode executar com a ajuda dos seus componentes, principalmente braço, pinça e sensores. Nas indústrias, os robôs são amplamente utilizados para montagem, pintura, soldadura, manuseamento de materiais, etc. O ponto positivo de um robô é que pode trabalhar num ambiente perigoso (como na pintura por spray, soldadura), pode repetir o mesmo conjunto de instruções e pode trabalhar de forma incansável.

4.2 PORQUE É QUE PRECISAMOS DE UM ROBÔ?

Uma das principais razões seria, a segurança dos esforços humanos. Tenho pensado como seria se não houvesse máquinas para nos ajudar. É claro que os humanos não se meterão em problemas e este pensamento deu-me a resposta a esta pergunta. Há ainda tantas razões pelas quais dizemos "Sim, para tudo isto, precisamos de Robôs". São estas as razões:

> Realizar um trabalho de forma precisa e eficiente.

> Para realizar um trabalho em segurança.

> Atingir uma alta através do put (trabalho feito por unidade de tempo).

> Para evitar erros.

> Realizar um trabalho continuamente sem se cansar.

> Um Robô nunca diz "Não, não vou fazer este trabalho porque não é interessante".

4.3 REGRAS DA ROBÓTICA

Tal como as regras de um jogo, também nós temos algumas regras da robótica. Na ficção científica, as três leis da Robótica são um conjunto de três regras escritas por Isaac Asimov, a que quase todos os robôs que aparecem na sua ficção tiveram de obedecer, que foram introduzidas no seu conto "Run around" de 1942, embora prefiguradas em poucas histórias anteriores,

A lei estabelece o seguinte:

1) Um robô não pode ferir um ser humano ou, através da acção, permitir que um ser humano venha a ser prejudicado.

2) Um robô deve obedecer a ordens que lhe são dadas por seres humanos, excepto se tais ordens entrarem em conflito com a Primeira Lei.

3) Um robô deve proteger a sua própria existência desde que tal protecção não entre em conflito com a Primeira ou Segunda Lei.

Em trabalhos posteriores, Asimov acrescentou uma lei adicional, a chamada Lei Zeroth:

0) Nenhum robô pode prejudicar a humanidade ou, através da acção, a humanidade a prejudicar.

Todas estas leis não são mais do que leis que só salvam e só ajudam a humanidade, pelo que tudo está sob o nosso controlo. As máquinas são apenas trabalho, e de facto, a palavra Robota significa "trabalho forçado".

4.4 CONFIGURAÇÕES DE ROBÔS

As principais configurações físicas comuns dos robôs são as seguintes:

a) Configuração de coordenadas polares
b) Sistema de coordenadas cilíndricas
c) Configuração de braço articulado
d) Configuração de coordenadas cartesianas

4.4.1 CONFIGURAÇÃO DE COORDENADAS POLARES

Esta configuração é também chamada pela chamada configuração de coordenadas esféricas, como mostra a Fig.4.1. Uma vez que o espaço de trabalho dentro do qual move o seu braço é esfera parcial. Este robô tem uma base rotativa, e um pivô que pode ser utilizado para subir e descer o seu braço telescópico (telescópico significa, estendendo-se ou retraindo-se no sentido axial, utilizando um cilindro concêntrico). O volume de trabalho é uma esfera parcial, o que significa que pode funcionar dentro de um volume de esfera parcial.

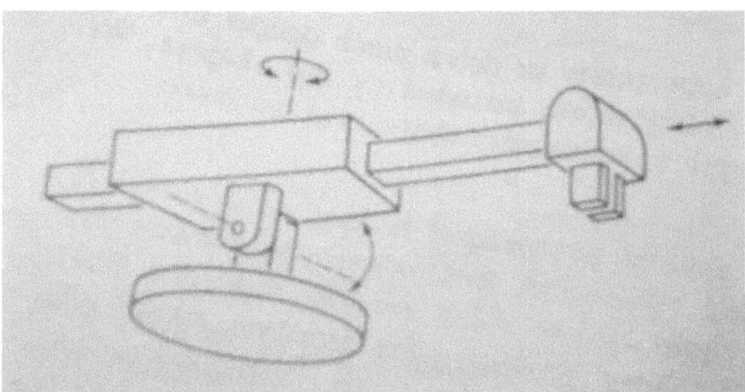

Fig. 4.1

4.4.2 SISTEMA DE COORDENADAS CILÍNDRICAS

Esta configuração de robô tem uma coluna vertical (como mostrado na Fig. 4.2), que gira em torno de um eixo vertical. O braço consiste em várias corrediças ortogonais, que ajudam o braço a mover-se para cima ou para baixo, para dentro ou para fora, com referência ao seu corpo. O volume de trabalho desta configuração é cilíndrico.

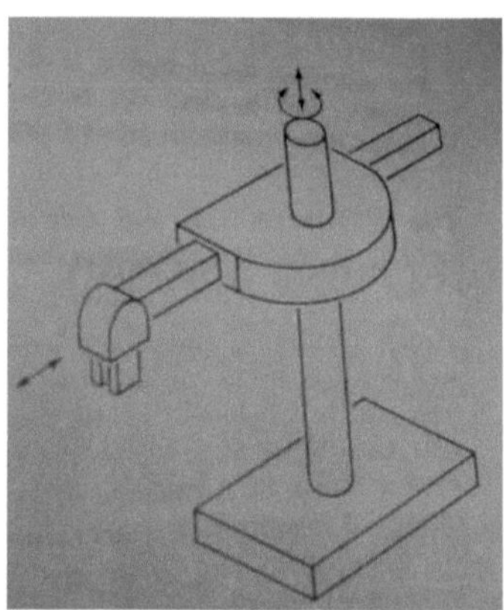

Fig. 4.2

4.4.3 CONFIGURAÇÃO DE BRAÇO ARTICULADO

Esta configuração tem um braço que é semelhante em aparência ao braço humano, como mostrado na Fig.4.3. O braço consiste em muitos membros rectos ligados por juntas, daí o nome Configuração de braço articulado. As articulações nesta configuração são análogas ao ombro, cotovelo e pulso humanos. O braço completo é montado sobre uma base que pode rodar o sistema completo para dar um volume de trabalho de quase - espaço esférico.

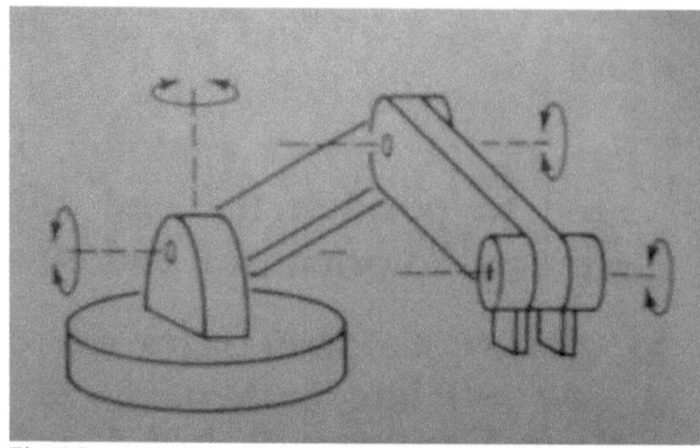

Fig. 4.3

4.4.4 CONFIGURAÇÃO DE COORDENADAS CARTESIANAS

Esta configuração consiste em três lâminas ortogonais como mostra a figura 4.4.4. As três lâminas movem-se na direcção X,Y e Z, daí o nome sistema de coordenadas cartesianas. As posições máximas X,Y,Z dos braços dão o maior volume de trabalho do robô. Obviamente, o volume de trabalho desta configuração de robô é o espaço rectangular.

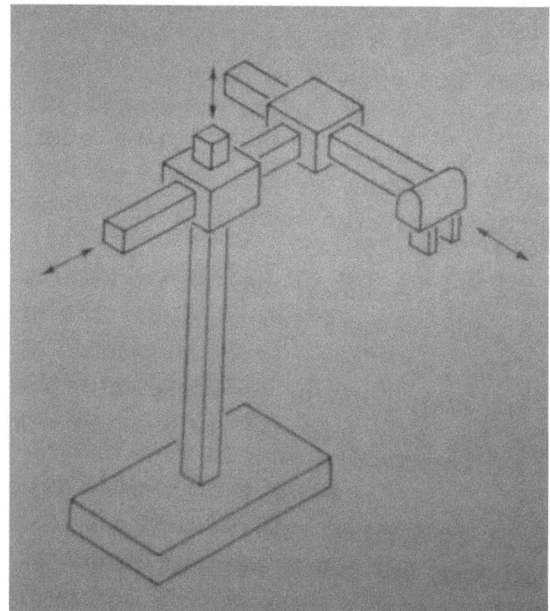

Fig. 4.4

4.5 MOVIMENTOS BÁSICOS DO ROBÔ - O CONTROLADOR

O controlador é o cérebro do robô. A principal função do controlador é dirigir o movimento dos efetores finais em termos de posição e orientação. O controlador funciona de forma semelhante a uma máquina NC. Assim, os movimentos do robô são importantes para as acções de controlo.

4.5.1 SEIS GRAUS DE LIBERDADE

O efector final, preso ao braço é como uma mão humana, através da qual um robô executa a tarefa útil. Para realizar esta tarefa, o braço do robô deve ser capaz de mover o efector final através de uma sequência de movimentos e posições. Existem seis movimentos básicos ou graus de liberdade que dão ao robô a capacidade de mover o efetor final através da sequência de movimentos requerida. Estes seis graus de liberdade destinam-se a imitar os movimentos do braço humano. Todos os robôs podem não ter seis graus de liberdade, o que depende da sua concepção, como mostrado na Fig. 4.5. Os seis graus de liberdade consistem em três movimentos do braço e do corpo e três movimentos do pulso.

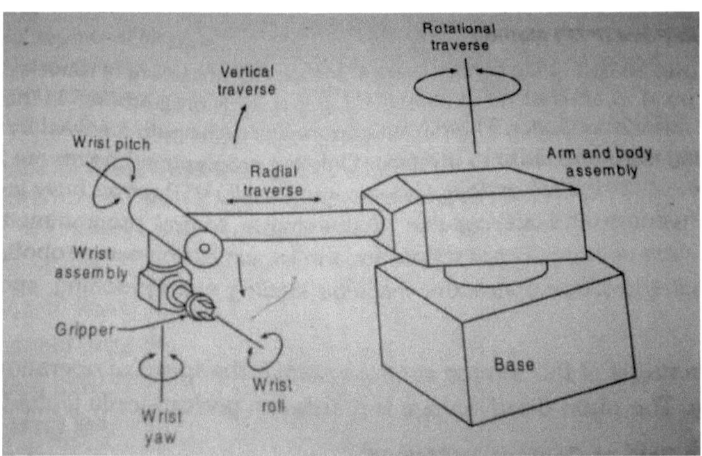

Fig. 4.5

As várias moções ou grau de liberdade são as seguintes:

MOVIMENTOS DE BRAÇOS E CORPOS

1. **Transversal Vertical** - É o movimento ascendente e descendente do braço, obtido girando todo o braço em torno de um eixo horizontal ou movendo o braço ao longo de um deslizamento vertical.
2. **Radial Transversal** - É o movimento causado pela extensão e retracção do braço (o movimento de entrada e saída do telescópio do braço).
3. **Transversal Rotacional** - É a rotação sobre o eixo vertical (giratória direita ou esquerda do braço).

MOÇÕES ESCRITÓRIAS

4. **Giro do pulso** - É a rotação do pulso sobre o seu próprio eixo.

13

5. **Dobra do Pulso** - É o movimento para cima e para baixo do pulso, que também envolve movimento rotacional.

6. **Yaw de pulso** - É o giro do pulso para a direita ou para a esquerda.

É também possível introduzir um sétimo grau de liberdade no sistema robotizado. O robô montado numa pista ou escorrega dará a este eixo de movimento adicional. O dispositivo de pinça não é geralmente considerado como um eixo de movimento adicional.

4.5.2 SISTEMA DE CONTROLO DOS MOVIMENTOS

Os sistemas de controlo do movimento semelhantes aos de uma máquina NC. Os dois importantes sistemas de controlo do movimento utilizados num robô industrial são o método ponto-a-ponto (PTP) e o método de trajectória de contorno.

MÉTODO PONTO-A-PONTO (PTP)

Isto utiliza um sistema de controlo em circuito aberto. Neste, o movimento do robô é controlado de um ponto para outro no espaço. Cada ponto é programado na unidade de memória do controlador do robô. Não há importância para o caminho seguido pelo robô enquanto se desloca de um ponto para o outro. Apenas os pontos programados são importantes nos quais o robô faz alguma acção. Normalmente, os robôs PTP têm menos de seis graus de liberdade e são capazes de parar em várias posições programadas dentro do seu volume de trabalho. Estes robôs são também conhecidos como robôs sem reservatório, e utilizados principalmente em operações de pick-and-place, carga e descarga de máquinas, soldadura por pontos, e assim por diante.

A vantagem deste sistema de controlo de movimento é a velocidade de operação, precisão e fiabilidade. A principal desvantagem é que os robôs só podem executar tarefas limitadas.

CAMINHO CONTÍNUO OU MÉTODO DE CONTORNO

Estes são também conhecidos como robôs Walk-through, uma vez que imitam os operadores humanos na realização dos seus movimentos. Utiliza um sistema de controlo em circuito fechado com feedback. Este sistema de controlo de movimento define um locus de pontos estreitamente espaçados que descrevem uma curva composta suave. Os requisitos de memória e controlo são mais para robots de contorno do que para robots PTP, uma vez que o caminho contínuo tem de ser memorizado do que apenas o ponto final. Este sistema de controlo de movimento é essencial em operações como pintura, soldadura, e agarrar objectos que se movimentam ao longo de um transportador.As principais vantagens deste sistema são os movimentos de precisão, o percurso de contorno e a utilização para as verdadeiras aplicações de engenharia. As desvantagens incluem, funcionamento lento, programas dispendiosos, grandes programas e requisitos de memória.

4.5.3 ARTICULAÇÕES EM ROBÔS

Uma articulação robotizada é um mecanismo que permite o movimento relativo entre partes de um braço robotizado. As articulações de um robô são concebidas para permitir ao robô mover o seu sector final para uma posição desejada ao longo de um caminho. Os movimentos básicos necessários para alcançar o movimento desejado num robô industrial são -

1. **Movimento Rotacional** - Isto permite aos robôs mover o seu braço em qualquer direcção no plano horizontal.
2. **Movimento Radial** - Isto permite que o robô movimente radialmente o seu sector final para alcançar pontos distantes no volume de trabalho dado.
3. **Movimento Vertical** - Isto permite ao robô mover o seu sector final para diferentes alturas dentro do seu volume de trabalho.

Estes graus de liberdade, numa combinação, definem o movimento completo do efetor. Estes movimentos são alcançados através de movimentos de articulações individuais do braço do robô. Os movimentos das articulações são basicamente os mesmos que os movimentos relativos das ligações adjacentes. Dependendo da natureza deste movimento relativo, as articulações são classificadas como prismáticas ou revolutas.

As juntas prismáticas são também conhecidas como juntas deslizantes ou lineares. São chamadas assim, porque a secção transversal da articulação é considerada como um prisma generalizado. Permitem que as ligações se desloquem é um movimento linear, os diferentes tipos de juntas são -

> Junta deslizante ou Linear (L)
> Junta rotativa (R)
> Junta de torção (T)
> Junta rotativa (V)

Nisto a junta linear é a junta prismática enquanto os outros três tipos são juntas revolutas. Estes são ilustrados esquematicamente na figura.

Numa **articulação deslizante ou linear (L),** as ligações são geralmente paralelas entre si. Em alguns casos, as ligações adjacentes são perpendiculares, mas uma ligação desliza no final da outra ligação. A orientação das ligações permanece a mesma após os movimentos da articulação, mas os comprimentos das ligações são alterados.

Numa **junta rotativa (R),** a ligação move-se numa trajectória circular. Aqui, os comprimentos das ligações adjacentes não mudam, mas mudam de orientação após o movimento.

Uma **junta de torção (T)** é também uma junta rotativa, onde a rotação ocorre em torno de um eixo que é paralelo a uma das ligações adjacentes. Aqui a rotação envolve a torção de uma ligação em relação a outra, daí o nome junta de torção.

Uma **junta rotativa (V)** é outra junta rotativa, onde a rotação tem lugar sobre um eixo que é paralelo às ligações adjacentes. Geralmente, as ligações são alinhadas perpendicularmente umas às outras nesta articulação. A rotação envolve a rotação de uma ligação sobre outra, e daí o nome.

CAPÍTULO 5

DIAGRAMA DE BLOCOS E CIRCUITOS

5.1 DIAGRAMA DE BLOCOS DO ROBÔ

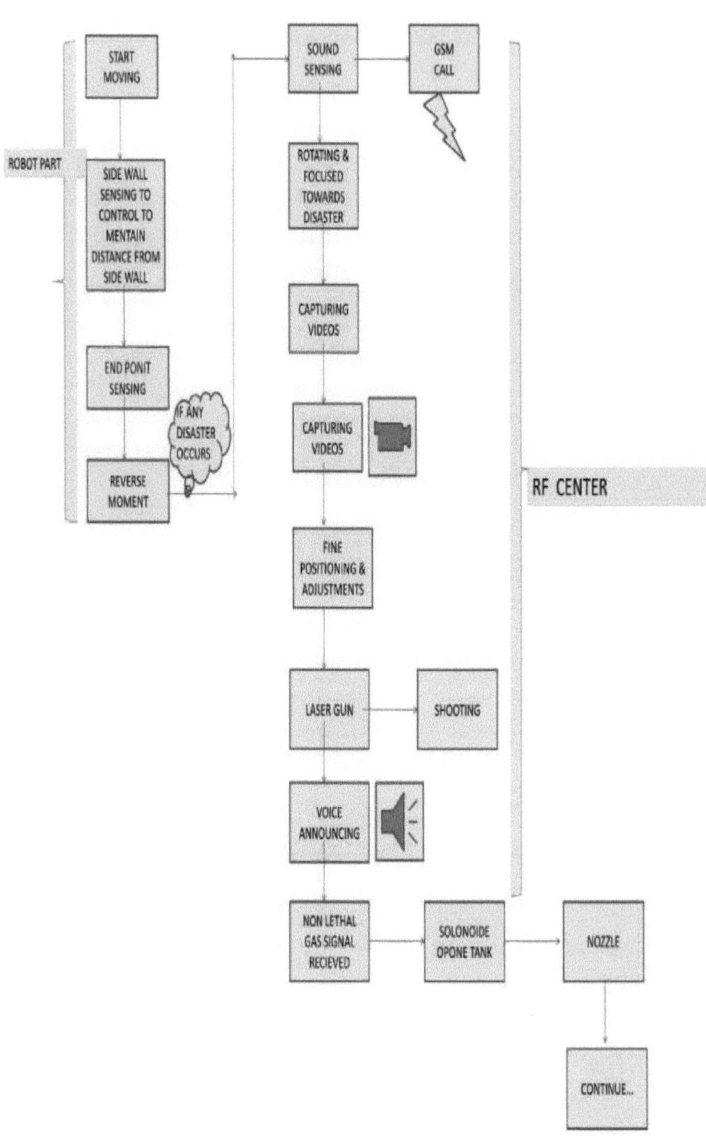

Consiste em quatro motores dc fixados em quatro suportes de motor que são operados por uma bateria de 12 volts. Inicialmente, o robô move-se a uma certa distância, quando a distância final de detecção LDR começa a inverter-se. Quando ocorre qualquer tipo de som ou catástrofe, o Robo pára e concentra-se nessa posição e instantaneamente capta essa situação e envia para o centro de RF. Dentro de fracções de minutos enviará uma chamada GSM ao centro RF e a pessoa analisa a situação actual na posição particular e toma a acção adequada para controlar a situação através do anúncio por voz ou usando o Gás Não-Lético ou pode usar a pistola laser para controlar a situação.

5.2 PRINCIPAIS CIRCUITOS PARA ESTE PROJECTO

> **Detecção da parede lateral e movimento e inversão de marcha atrás por sensor LDR que detecta a luz no fim da estrada para inverter o controlo do mecanismo de condução do Robo**

- O motor de tracção é ligado pelo controlo de botões para ter a ligação para a tracção e move-se para o fim da faixa e, ao detectar a luz no final, irá inverter para o ponto de partida anterior e continua novamente a vaguear na rua invertendo e reencaminhando automaticamente, como mostrado na Fig. 5.2.

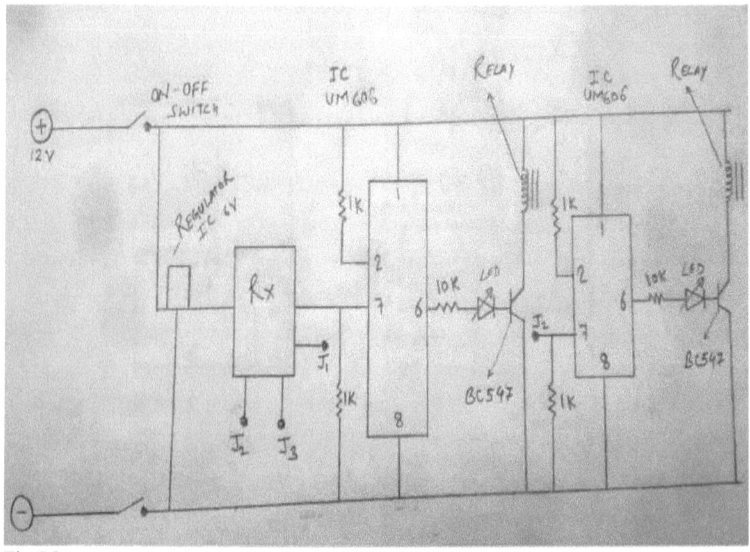

Fig.5.2

> **Circuito de controlo da resistência dependente da luz** - A luz quando cai sobre a resistência dependente da luz, a resistência interna do LDR muda, o que dá a tensão de entrada no pino número 7 do IC UM606 que dá a saída invertida no pino número 6 para accionar o transistor para ligar o relé para ligar o motor na direcção inversa da versão anterior, como mostrado na Fig. 5.3.

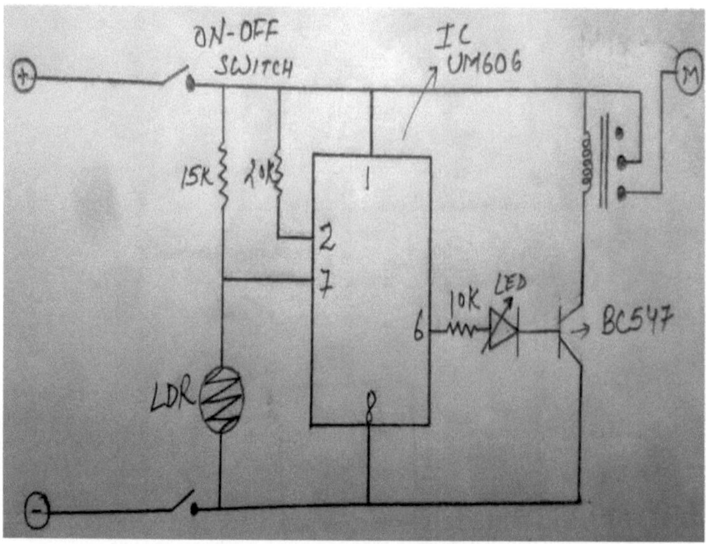

> **Controlo de radiofrequência de ajuste fino da subida e descida da câmara ou da pistola laser e do disparo da pistola** - O nosso circuito consiste num gerador RF como transmissor que envia frequências de sinais RF. Existem duas antenas receptoras presentes para a recepção destas duas frequências, dependendo da frequência seleccionada qualquer uma na antena irá receber o sinal. Entre o receptor e o circuito do condutor existe um acoplador optoacoplador,

i. e., MCT2E. O principal objectivo deste optoacoplador é isolar o circuito receptor do circuito principal. O sinal recebido é utilizado para accionar o transistor BC 547 para ligar o relé para ligar a rotação desejada do motor para afinação fina da posição da pistola. Outra acção é controlar o disparo da pistola por luz.

> **Circuito de chamada GSM para o intruso detectado através de IR** - O intruso quando detectado pelo sensor infravermelho que liga o relé para dar a entrada de estado elevado no pino número 7 através de uma resistência variável, que dá a saída invertida no pino número 6 e com alguma resistência variável pré-definida, a primeira entrada dada no pino número 7 do IC-UM606 será o estado baixo que dá a saída invertida no pino número 6 que dá o pulso de entrada no contador de década CD-4017 pino número 14 para dar a primeira saída do pino número 3 para accionar o transistor BC-547 para ligar o telemóvel para reiniciar. Isto é necessário para o preparar para a chamada da versão anterior de ter recebido mensagem ou qualquer outra activação. O segundo impulso do IC-UM606 na entrada de estado alto e saída invertida de estado baixo para ligar o contador da década para dar o segundo impulso do pino número 2 para accionar o transistor para ligar o relé para marcar o número a partir do mostrador rápido número 2. O número é pré-alimentado no contador de discagem rápida, como mostrado na Fig. 5.4.

IC
UM606
IC
CD4017
RELAY-1
+
−
1K
10K
104 PF
Preset 220k
10K
10Ω
100Ω
10K LED
BC547
10K
1
3
7
8
6
16
15
3
14
2
8

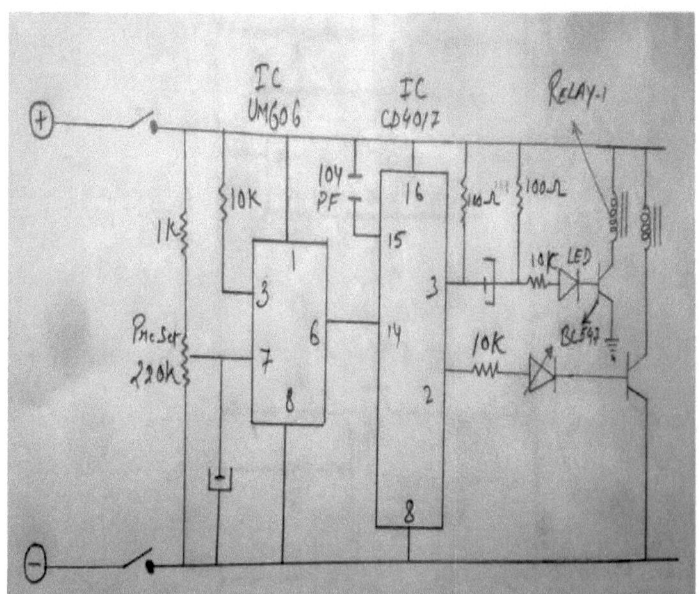

Fig. 5.4

CAPÍTULO 6

PROCESSO DE FABRICAÇÃO

6.1 PROCESSO DE FABRICO

A Força Tarefa Especial Robo envolve várias peças durante a sua fabricação. Estas peças são listadas abaixo -

1. **Estrutura de base** - Esta é feita de aço macio com um ângulo de 20x20x5mm sendo cortada e unida para fazer a estrutura de acordo com a forma e tamanho requeridos.

2. **Eixo Traseiro** - Este é feito de barra redonda C30 de tamanho 20mm de diâmetro cortada no comprimento de 400mm e passo girado em ambas as extremidades para se adequar ao rolamento de esferas de tamanho 15mm de diâmetro e depois passo girado de 12mm para facilitar a soldadura com uma arruela. Nisto, a armação angular é soldada.

3. **Eixo frontal - Uma** barra quadrada de 20mm de aço macio é tomada e ligada à máquina de torno para manter o degrau de 15mm de diâmetro para se adaptar ao rolamento de esferas para o comprimento de 65mm. É feito um furo transversal de 10mm de diâmetro para se adequar ao pino pivotante que está a sobressair da estrutura do chassis sobre o qual estes eixos são mantidos. Dois números são girados e montados em ambos os lados. O plano de aço macio de 20mmx3mmx40mm é soldado ao pino do eixo dianteiro que é montado na engrenagem de direcção da cremalheira. A broca de 6mm é feita na extremidade deste plano em que a extremidade da engrenagem da cremalheira é pivotada.

4. **Caixa de rolamentos de esferas** - Esta é feita de barra de aço redonda C30 de 45mm de diâmetro sendo cortada para o comprimento de 20mm e virada e faceada na máquina de torno para manter o comprimento de 15mm, contra-furo de 35mm para se adequar ao diâmetro externo do rolamento de esferas para a profundidade de 10mm e furo de 18mm para todo o comprimento. Estes dois números de caixas de rolamentos são feitos.

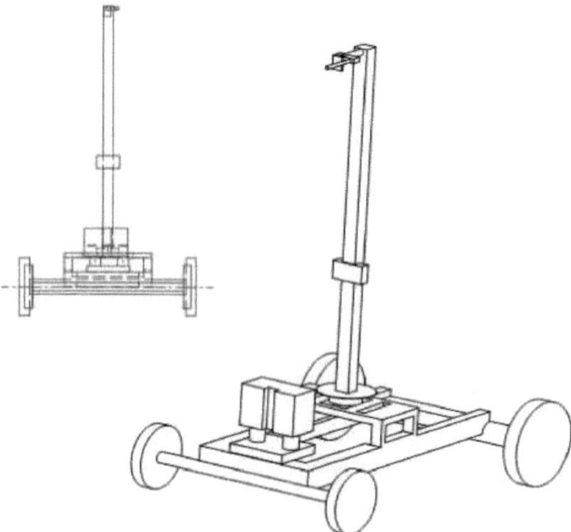

Fig. 6.1

5. **Tampo da caixa do mancal de empuxo** - Este é feito de barra de aço macio de 120mm de diâmetro sendo cortado para o comprimento de 15mm e ligado à máquina de torno para fazer o diâmetro exterior de 115mm e espessura de 10mm e contra-furo de 75mm para a profundidade de 6mm e furo de 20mm.

6. **Fundo da caixa do mancal de empuxo** - Este é feito de barra de aço macio de 120mm de diâmetro sendo cortado para o comprimento de 15mm e ligado à máquina de torno para fazer o diâmetro exterior de 115mm e espessura de 10mm e contra-furo de 75mm para a profundidade de 6mm e diâmetro de 8mm.

7. **Suporte do motor** - Este é feito de aço macio plano de 20mmx4mm sendo cortado para o tamanho de 225mm e sendo dobrado ao círculo para fazer o anel para segurar o motor de 75mm de diâmetro. O anel é soldado na extremidade e depois no orifício de circunferência 10mm é furado para manter a porca sobre ele e soldar a porca M10 sobre ele.

7.1 INTRODUÇÃO

Existem vários tipos de motores utilizados em robôs, incluem servomotores dc, motores passo a passo e servomotores ac entre estes motores que temos utilizado servomotores dc. Os principais componentes dos servomotores dc são o rotor e o estator. Normalmente, o rotor inclui a armadura e o conjunto do comutador e o estator inclui o conjunto do íman permanente e do casquilho. Quando a corrente flui através do enrolamento da armadura estabelece um campo magnético que se opõe ao campo estabelecido pelos ímanes. Isto produz um torque sobre o rotor. À medida que o rotor roda, os conjuntos de escova e comutador mudam a corrente para a armadura de modo a que o campo permaneça oposto ao que é montado pelos ímanes. Desta forma, o torque produzido pelo rotor é constante durante toda a rotação. Outro efeito associado ao servomotor dc é o retro-emf. O efeito do emf traseiro é actuar como amortecedor viscoso para o motor.

Há uma variedade de motores utilizados nos robôs modernos, que incluem motores de corrente contínua, motores de passo de motor de parafuso de corrente contínua e motores de parafuso de corrente alternada. Estes motores encontram uma variedade de aplicações em vários robôs, campo de aplicação conforme o desenho e a consideração da pessoa que os utiliza.

No modelo, utilizámos os motores CC. Os principais componentes do motor são os "rotores" e os "estatores". Normalmente, os rotores incluem a armadura e o conjunto de comutadores e o estator inclui o íman permanente e o conjunto de casquilhos. A corrente é feita para fluir através dos enrolamentos da armadura; estabelece um campo magnético que se opõe ao campo estabelecido pelos ímanes. Isto produz um torque sobre o rotor. Isto provoca a rotação do rotor. Quando o rotor começa a rodar os casquilhos e os conjuntos de comutadores fornecem a corrente à armadura de modo a que o campo permaneça oposto ao campo estabelecido pelos ímanes. Desta forma, o torque produzido pelo rotor é constante durante toda a rotação.

7.2 D.C. PRINCÍPIOS MOTORES

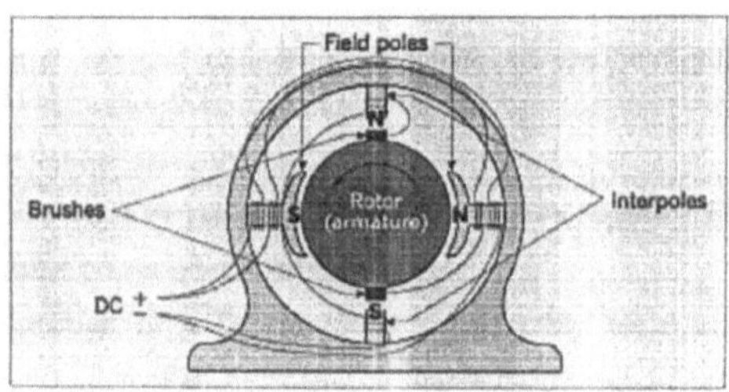

Fig. 7.1

Os motores CC consistem em enrolamentos montados em rotor (armadura) e enrolamentos estacionários (postes de campo), como mostrado na fig.7.1. Em todos os motores CC, excepto motores de ímanes permanentes, a corrente deve ser conduzida aos enrolamentos de armadura passando a corrente através de escovas de carbono que deslizam sobre um conjunto de superfícies de cobre chamado comutador, que é montado no rotor. As barras comutadoras são soldadas às bobinas de armadura. A combinação escova/comutador faz um interruptor deslizante que energiza determinadas partes da armadura, com base na posição do rotor. Este processo cria pólos magnéticos norte e sul no rotor que são atraídos ou repelidos pelos pólos norte e sul no estator, os quais são formados pela passagem de corrente contínua através dos enrolamentos de campo. É esta atracção magnética e repulsão que provoca a rotação do rotor.

7.3 VANTAGENS E INCONVENIENTES

7.3.1 OS VANTAGENS

A maior vantagem dos motores CC pode ser o controlo da velocidade. Uma vez que a velocidade é directamente proporcional à tensão de armadura e inversamente proporcional ao fluxo magnético produzido pelos pólos, o ajuste da tensão de armadura e/ou da corrente de campo irá alterar a velocidade do rotor. Actualmente, os variadores de frequência ajustáveis podem fornecer um controlo preciso da velocidade para motores CA, mas fazem-no à custa da qualidade da potência, uma vez que os dispositivos de comutação de estado sólido nos variadores produzem um rico espectro harmónico. O motor CC não tem efeitos adversos na qualidade de potência.

7.3.2 OS INCONVENIENTES -

A alimentação eléctrica, o custo inicial e os requisitos de manutenção são os negativos associados aos motores CC.

- Deve ser prevista uma rectificação para quaisquer motores de corrente contínua fornecidos a partir da rede. Pode também causar problemas de qualidade de energia.
- A construção de um motor CC é consideravelmente mais complicada e cara do que a de um motor CA, principalmente devido ao comutador, escovas, e enrolamentos de armadura. Um motor de indução não requer comutador ou escovas, e a maioria usa barras de rotor com gaiola de esquilo fundido em vez de enrolamentos verdadeiros - duas enormes simplificações.
- A manutenção do conjunto escova/combustor é significativa em comparação com a dos desenhos de motores de indução.

Apesar dos inconvenientes, os motores CC são largamente utilizados, particularmente em aplicações de nicho como carros e pequenos aparelhos.

7.4 SELECÇÃO DO MOTOR DC

CLASSIFICAÇÕES DE ESPECIFICAÇÕES -

Tensão do sistema: 12 V

Temperatura de funcionamento: 20°C a +90°C

CARATERÍSTICA -

Corrente típica de funcionamento da luz: 3,8 Amps

Torque nominal à saída de engrenagem: 18 a 25 Nm a 12V

Velocidade de funcionamento: 30 rpm

A fim de seleccionar o motor CC de uma aplicação específica, é adoptado o seguinte procedimento

Assumindo os seguintes dados,

Velocidade do veículo, V= 4 km/hr.

Peso total do veículo = 15 kg.

Assim, sabemos que a potência necessária (P) para propulsar o veículo é dada por,

$$P = (F_t * v) / 3600_{nt} KW$$

Onde,

F_t= Esforço de tracção em Newton.

V = Velocidade do veículo em Km/hr.

nt= Eficiência da transmissão.

Que

$$F_t = R = K_r W N$$

Onde, K_r= Coeficiente de resistência às estradas.

= para boas estradas = 0,0059.

Assumindo nt= 90% ou 0,9

Recebemos,

$$F_t = 0,0059 * 150 = 0,885 N$$

Agora é necessária energia,

$$P = (0,885 * 4) / (3600 * 0,9) KW$$

$$= 0,00109 KW$$

E sabemos que, o torque transmitido (T) é dado por

$$T = (6000 * P) / (2 * 3.142 * n) Nm$$

Onde,

P = Potência necessária em KW

n = Velocidade do motor em rpm.

Portanto, o torque T = (6000 * 0,00109) / (2 * 3,142 * 40) Nm.

$$T = 0,2601 Nm \text{ (aprox. } = 3 \text{ kg-cm)}$$

Mas para 3 kg-cm temos velocidade do eixo n = 15rpm

Assim, a velocidade do veículo será

$$V = (2 * 3,142 * n) / 60 = 1,571 \text{ km/hr.}$$

Portanto, 6kg-cm @ 36rpm é seleccionado porque 1,571 km/hr é muito inferior a 4km/hr.

$$V = (2 * 3,142 * 36) / 60 = 3,77 \text{ km/hr. (Aprox. } = 4 \text{ km/hr)}$$

Este cálculo é relativo à velocidade do motor -

DESENHO DE ENGRENAGENS -

Parâmetros conhecidos

N_W=200 rpm

N_G=32 rpm

T=0,3924 N-m

Sabemos que

P   =2nNT/60000

(2rc*200x*0.3924)/60000

8,218 x 10^{-3} K watt

Distância entre veios = 27,5 mm

Chumbo normal = L_N

Sabemos isso,

X / L_N será o mínimo

Cot3X=Rácio de velocidade

X=Ângulo do Lcad

Cot3X=200/32=6,25

$$\mathrm{CotX} = (6{,}25)^{1/3} = 1{,}8420$$

$$X = 28.5°$$

Sabemos isso,

$$X / L_N = Vi * \text{л} \left[(1/\mathrm{Sin}\ X) + (VR/\mathrm{Cos}\ X)\right]$$

$$27{,}5/L_N = V * \text{л} \left[(1/2\mathrm{Sin}28{,}5) + (6{,}25/\mathrm{Cos}28{,}5)\right]$$

$$27{,}5/L_N = 1{,}46543$$

$$L_N = 27.5/1.46543$$

$$L_N = 18.765\ \mathrm{mm}$$

Axial LeadL $\qquad = L_N / \mathrm{Cos}\ X$

$$= 18{,}765/\mathrm{Cos}28$$

$$L = 21{,}35\ \mathrm{mm}$$

Para velocidade de 6,25, a partir do manual de dados

Nº de inícios no Worm

$$W_N\ \mathrm{ou}\ T_W$$

Passo axial dos fios da roda de sem-fim

$$P_a = 1/4$$

$$= 21.35/4$$

$$P_a = 5{,}338\ \mathrm{mm}$$

Modulem $\qquad = P_a/\text{л}$

$$= 5.338/n$$

$$m = 1{,}699\ \mathrm{mm}$$

Tomar módulo padrão m = 2 mm

Taxa de velocidade= 6,25 mm

Torque na engrenagem:

$$T = Px60/ (2* \text{л} * N_G)$$

$$= (8._{218*103*60}) / (2\text{л} *32)$$

$$T = 2{,}452\ \mathrm{N\text{-}m}.$$

W_T = Carga tangencial actuando sobre a engrenagem

$$W_T = (2*t)/ D_G$$

$$= (2*2,452)/ (5,5*10)$$

$$W_T = 89.17 \text{ N}$$

Sabemos que a linha de inclinação ou velocidade periférica da engrenagem sem fim

$$V = (\pi * D_G * N_G)/ 60$$

$$= (\pi*5.5*10^{-2} *32)/ 60$$

$$V = 0,09215 \text{ m/seg}$$

Factor Velocidade:

$$C_V= 6/ (6+V)$$

$$= 6/ (6+0.09215)$$

$$C_V=0,9848$$

Do livro manual de dados Para 20° dentes involutos

$$Y = 0.125$$

Uma vez que a engrenagem sem-fim é feita de material plástico, tomando, portanto, tensão estática permitida

$$\Box\ 0= 58.8 \text{ N/mm}$$

Sabemos que a carga tangencial concebida

$$W_T = (\sigma * C_V) * b * m * Y) nX$$

A partir do livro manual de dados

$$b =6.752+11.838$$

$$=18,596 \text{ mm}$$

$$W_T = 58,5*0,9848*18,596*\pi*2*0,125$$

$$W_T = 8.45.73 \text{ N}$$

Uma vez que acima de W_T é maior que W_T=89.17 N

Assim, o desenho é seguro do ponto de vista da carga tangencial

Verificar a carga dinâmica:

$$W_N = W_T/C_V$$

$$= 639.71/0.9848 = 649.58 \text{ N}$$

Uma vez que isto é mais do que W_T=89,17, o design é seguro do ponto de vista da carga dinâmica.

7.5 SENSORES

1. **SENSORES TACTIL** - Estes são os sensores, que respondem às forças de contacto com outro objecto. Alguns destes dispositivos são capazes de medir o nível de força envolvido.

2. **SENSORES PROXIMADOS E DE LINHA** - Um sensor de proximidade é um dispositivo que indica quando um objecto, mas antes do contacto ter sido feito quando a distância entre os objectos pode ser detectada, o dispositivo é chamado sensor de alcance.

3. **SENSOR DIVERSOS** - Isto inclui os restantes tipos de sensores que são utilizados na robótica. Estes incluem os sensores para temperatura, pressão e outras variáveis.

4. **VISÃO MÁQUINA** - Uma visão mecânica é capaz de visualizar o espaço de trabalho e interpretar o que vê. Estes sistemas são utilizados na robótica para realizar inspecções, reconhecimento de peças e outras tarefas semelhantes.

   Os sensores são componentes importantes no controlo de células de trabalho e em sistemas de monitorização de segurança.

RESISTOR DEPENDENTE DE LUZ - Como o nome sugere, uma resistência dependente da luz (LDR) é um componente cuja resistência muda quando a quantidade de luz que cai sobre ela (chamada intensidade da luz) muda como mostrado na Fig. 7.2. Como sabemos, a resistência diminui à medida que a quantidade de luz aumenta. A resistência diminui à medida que a intensidade da luz aumenta, a luz é baixa, a escuridão é alta (resistência).

Resistência à luz: Medido a 10 lux com luz padrão A (2854K de temperatura de cor) e pré-iluminação de 2 horas a 400-600 lux, antes dos testes.

Resistência às Trevas: Medido aos 10 segundos após fechar 10 lux.

Característica Gamma:

Menos de 10 lux e 100 lux e dado por

$y = \log(R10/R100) / \log(100/10) = \log(R10/R100)$

RIO, R100: resistência a 10 lux e 100 lux. A tolerância de y é de ±0,1.

Pmax: Máxima dissipação de energia à temperatura ambiente de 25°C. A uma temperatura ambiente mais elevada, a potência máxima permitida pode ser reduzida.

Vmax: Tensão máxima na escuridão que pode ser aplicada ao dispositivo de forma contínua.

Pico espectral: A sensibilidade espectral das foto-resistências depende do comprimento de onda de luz a que estão expostas e em conformidade com a fig. 7.3. A tolerância do pico espectral é de ±50nm.

Resposta Espectral

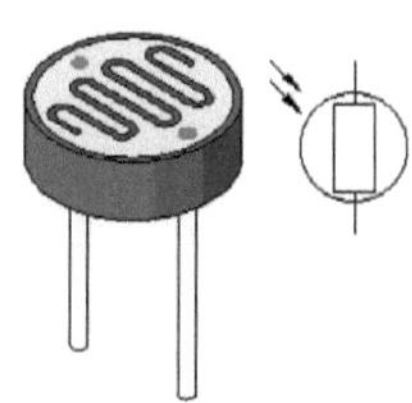

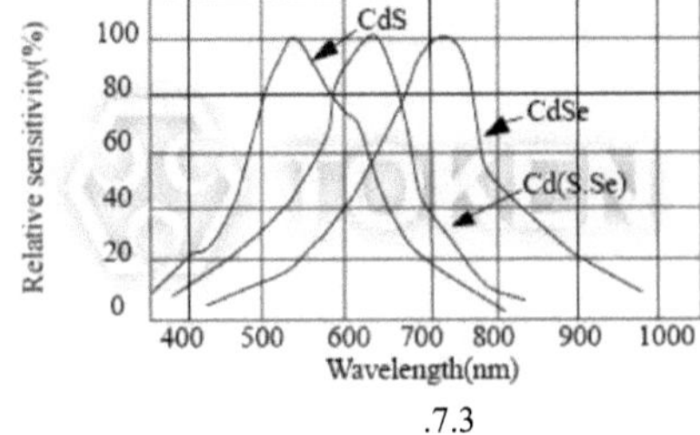

Fig. 7.2Fig   .7.3
Quadro 7.1

<table>
<tr><th colspan="3" align="center">Physical and Environmental Characteristics</th></tr>
<tr><th>ITEM</th><th>CONDITIONS</th><th>PERFORMANCE</th></tr>
<tr><td>Solderability</td><td>Put the terminals into welding tank at temp. $230\pm5°C$ for $2\pm0.5s$ (terminal roots are 5mm away from the tin surface).</td><td>wetting>95%</td></tr>
<tr><td>Temperature Changing</td><td>Change of temperature in accordance with: TA: -40°C TB: +60°C Number of cycles: 5 Exposure duration: 30min</td><td>Drift of R_{10} = ± 20%
No visible damage</td></tr>
<tr><td>Constant humidity and heat</td><td>1. Put the device in test box at Temperature: $60\pm5°C$
Humidity: 90-95% Illumination: 0lux Duration: 100h
2. Take the device and measure after24h at normal temperature and humidity.</td><td>Drift of R_{10}= ± 30%
No visible damage</td></tr>
<tr><td>Constant load Temperature</td><td>At $25\pm5°C$
Illumination: 150lux at rated power
Duration: 600h</td><td>No visible damage</td></tr>
<tr><td>Wire Terminals Strength</td><td>Bend the wire terminal at its root to 90 degree, and then bend it to an opposite direction.</td><td>No visible damage</td></tr>
<tr><td>Vibration</td><td>Frequency: 50Hz
Swing: 1.5mm with
Directions: parallel to ceramic substrate normal to ceramic substrate. Duration:2h</td><td>No visible damage</td></tr>
</table>

A resistência dependente da luz, LDR é conhecida por muitos nomes, incluindo a foto-resistência, foto-condutor, célula fotocondutora, ou simplesmente a fotocélula. Estes dispositivos têm sido vistos em formas iniciais desde o século XIX, quando a fotocondutividade em selénio foi descoberta por Smith em 1873. Desde então, foram feitas muitas variantes de dispositivos fotocondutores.

Embora existam muitas maneiras de fabricar resistências dependentes da luz, ou foto-resistências, existem naturalmente poucas resistências foto-resistências que consistem num material resistivo sensível à luz que é exposto à luz. O elemento foto-resistente compreende uma secção dos materiais utilizados para as resistências dependentes da luz são semicondutores, quando utilizados como foto-resistências, são utilizados apenas como elemento resistivo e não existem junções primitivas. Por conseguinte, o dispositivo é puramente passivo.

Uma estrutura típica para um dependente da luz ou foto-resistente utiliza uma camada de semicondutor activo que é depositada num substrato isolante. O semicondutor é normalmente ligeiramente dopado para lhe permitir ter o nível de condutividade necessário. Os contactos são então colocados no lado mais próximo da área exposta.

Em muitos casos, a área entre os contactos é na forma de um zigue zague, ou padrão interdigital. Isto maximiza a área exposta e, ao manter a distância entre os contactos pequena, aumenta o ganho

É também possível utilizar um semicondutor policristalino que é depositado num substrato como a cerâmica. Isto faz com que a resistência seja muito pouco dispendiosa e dependente da luz.

SENSOR INFRAVERMELHO -

Os sensores de infravermelhos passivos (sensores PIR) são dispositivos electrónicos que medem a luz infravermelha que irradia a partir de objectos no campo de visão. Os PIRs são frequentemente utilizados na construção de detectores de movimento baseados em PIR. O movimento aparente é detectado quando uma fonte emissora de infravermelhos com uma temperatura, tal como um corpo humano, passa em frente de uma fonte com outra temperatura, tal como uma parede.

Todos os objectos emitem radiação infravermelha. Esta radiação é invisível ao olho humano, mas pode ser detectada por dispositivos electrónicos concebidos para esse fim. O termo passivo, neste caso, significa que o PIR não emite qualquer tipo de energia, mas limita-se a sentar-se 'passivo' aceitando energia infravermelha através da frente do sensor, conhecida como a face do sensor. No núcleo de um PIR está um sensor de estado sólido ou conjunto de sensores, com aproximadamente *'Uma* polegada de área quadrada. As áreas dos sensores são feitas de um material piroeléctrico.

O sensor real no chip é feito de materiais piroeléctricos naturais ou artificiais, geralmente sob a forma de uma película fina, de nitreto de gálio (GaN), nitrato de césio (CsNo3), fluoretos de polivinilo, derivados de fenilpirazina, e ftalocianina de Colbalt, tantalita de lítio (LiTaO3) é um cristal com propriedades piezoeléctricas e piroeléctricas.

O sensor é frequentemente fabricado como parte de um circuito integrado e pode consistir em um, dois ou quatro pixels de áreas iguais do material piroeléctrico. Partes dos pixels do sensor podem ser ligadas como entradas opostas ao amplificador diferencial. Em tal configuração, as medidas PIR cancelam-se mutuamente de modo a que a temperatura média do campo de visão seja removida do sinal eléctrico; um aumento da energia IR em todo o sensor é auto-cancelado e não desencadeará o dispositivo. Isto permite que o dispositivo resista a falsas indicações de mudança no caso de ser exposto a flashes de luz ou iluminação à escala do campo.

DETECTOR DE MOVIMENTO BASEADO NA PIRATARIA -

Num detector de movimento baseado em PIR, o sensor PIR é normalmente montado numa placa de circuito impresso que também contém a electrónica necessária para interpretar os sinais do chip. O circuito completo é contido numa caixa que é depois montada num local onde o sensor pode ver a área a ser monitorizada. A energia infravermelha é capaz de alcançar o sensor através da janela, porque o plástico utilizado é transparente à radiação infravermelha (mas apenas translúcido à luz visível). Esta folha de plástico impede a introdução de poeira e insectos que poderiam obscurecer o campo de visão do sensor, tendo sido utilizados alguns mecanismos para focar a energia infravermelha distante na superfície do sensor. A janela pode ter lentes Fresnel moldadas nela. Alternativamente, por vezes são utilizados sensores PIR com espelhos parabólicos segmentados de plástico para focar a energia infravermelha; quando são utilizados espelhos, a cobertura da janela de plástico não tem lentes Fresnel moldadas na mesma. Uma janela filtrante (ou lente) pode ser usada para limitar os comprimentos de onda a 8-14 micrómetros, que é mais sensível à radiação infravermelha humana (sendo os 9,4 micrómetros os mais fortes).

O dispositivo PIR pode ser pensado como uma espécie de "câmara" infravermelha que se lembra da quantidade de energia infravermelha focada na sua superfície. Uma vez que a energia é aplicada ao PIR, a electrónica no PIR instala-se rapidamente num estado quiescente e energiza um pequeno relé. Este relé controla um conjunto de contactos eléctricos que estão normalmente ligados à entrada de detecção de um painel de controlo de alarme. Se a quantidade de energia infravermelha focada no sensor mudar dentro de um período de tempo configurado, o dispositivo irá mudar o estado do relé de saída de alarme. O relé de saída de alarme é tipicamente um relé "normalmente fechado (NC)", também conhecido como relé "Forma B".

Uma pessoa que entra na área monitorizada é detectada quando a energia infravermelha emitida pelo corpo do intruso é focada por uma lente Fresnel ou por um segmento de espelho e sobrepõe-se a uma secção do chip que anteriormente tinha estado a olhar para uma parte muito mais fria da área protegida. Essa parte do chip é agora muito mais quente do que quando o intruso não estava lá. À medida que o intruso se move, também o ponto quente na superfície do chip se move. Este ponto quente em movimento faz com que a electrónica ligada ao chip desenergize o relé, operando os seus contactos, activando assim a entrada de detecção no painel de controlo do alarme. Inversamente, se um intruso tentar derrotar um PIR talvez segurando algum tipo de escudo térmico entre si e o PIR, um ponto 'frio' correspondente movendo-se através da face do chip também causará a desenergização do relé - a menos que o escudo térmico tenha a mesma temperatura que os objectos atrás dele.

Os fabricantes recomendam a colocação cuidadosa dos seus produtos para evitar falsos alarmes. Sugerem a montagem dos PIR de tal forma que o PIR não possa "ver" fora de uma janela. Embora o comprimento de onda da radiação infravermelha à qual os chips são sensíveis não penetre muito bem no vidro, uma forte fonte infravermelha (um farol de veículo, reflectindo a luz solar de uma janela de veículo) pode sobrecarregar o chip com energia infravermelha suficiente para enganar a electrónica e causar um alarme falso (não-intruso causado). Uma pessoa que se movesse do outro lado do vidro, contudo, não seria "vista" pelo PIR.

Também recomendaram que o PIR não fosse colocado numa posição tal que um ventilador AVAC soprasse ar quente ou frio sobre a superfície do plástico que cobre a janela da caixa. Embora o ar tenha uma emissividade muito baixa (emite quantidades muito pequenas de energia infravermelha), o ar que sopra na cobertura da janela de plástico poderia alterar a temperatura do plástico o suficiente para, mais uma vez, enganar a electrónica.

Os PIR vêm em muitas configurações para uma grande variedade de aplicações. As mais comuns utilizadas nos sistemas de segurança doméstica têm numerosas lentes Fresnel ou segmentos de espelho e têm um alcance eficaz de cerca de 30 pés. Alguns PIRs maiores são feitos com espelhos de segmento único e podem detectar alterações na energia infravermelha a mais de cem pés de distância do PIR. Existem também PIRs concebidos com espelhos de orientação reversível que permitem uma cobertura ampla (110° de largura) ou uma cobertura de "cortina" muito estreita.

8.1 EXPLICAÇÃO DO CIRCUITO

8.1.1 IC--- UM-606

LIGAÇÃO POR PINOS -

Um temporizador Um606 está disponível no mercado no seguinte pacote -

1. Pacote DIP de 8 pinos
2. Lata de metal de 8 pinos

Pino No.8: Solo

Pino No.7: Gatilho

Pino n° 6: Saída

Pino N° 5: Reiniciar

Pino N° 4: Controlo

Alfinete N° 2: Limiar

Pino N° 3: Descarga

Alfinete N° 1: Vcc.

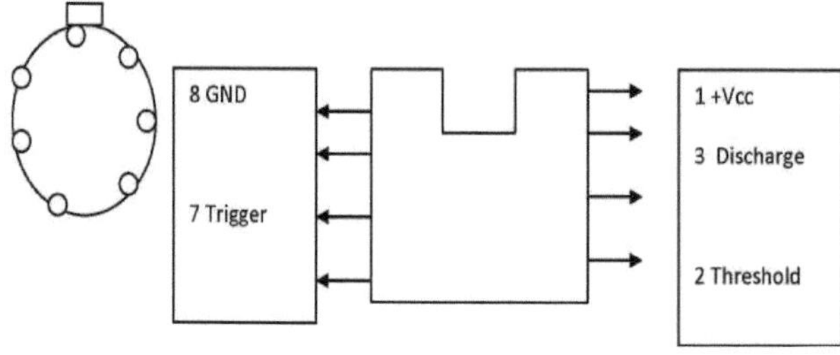

Fig. 8.1

DETALHES DOS PINOS DO TEMPORIZADOR UM-606 DC

PIN No.8 - Este é o terminal comum ou terrestre. Terminal negativo de potência

O fornecimento está ligado a este pino.

PIN No.7 - A tensão de disparo do comparador inferior é aplicada a este pino. Normalmente, a tensão neste pino é de pelo menos dois terços da tensão de alimentação (+Vcc). A saída permanece baixa nesta condição. Quando um impulso negativo, que é superior a um terço de +Vcc é aplicado no pino No.2, então o circuito é accionado. O flip-flop muda o seu estado e a saída torna-se alta. Assim, permanece baixo e quando a voltagem no Pino No.2 é superior a um terço de +Vcc, então a saída permanece baixa e quando a voltagem no Pino No.2 é inferior a um terço de +Vcc, então a saída fica alta.

PIN No.6 - Este é o pino de saída. Esta saída tem dois estados lógicos. A saída no seu estado baixo é quase igual ao solo, e no estado alto esta saída é quase igual a +Vcc.

PIN No.5 - Este é o pino de entrada de reset que controla directamente o flip-flop. Como o seu nome sugere, o sinal neste pino devolve o dispositivo ao seu estado original. Quando o terminal de reset é ligado à terra, então o Pino No.3 (saída) e o Pino No.7 tornam-se baixos, ou seja, a tensão nestes pinos torna-se quase 0V. Quando o terminal de reset não é utilizado, então o Pino No.4 deve ser mantido ligado a +Vcc.

PIN No.4 - Este é o pino de entrada de tensão de controlo. Geralmente este pino não é utilizado e é mantido ligado à terra através de um condensador de 0,01M. Qualquer tensão externa no Pino No.5 alterará tanto o limiar como os níveis de referência da tensão de disparo.

PIN No.2 - Este é o pino de entrada para a tensão limite do comparador superior. Uma resistência de temporização é ligada ao Vcc a partir do Pino No.6. Este Pino No.6 também é ligado à terra por um condensador externo que começa a carregar através da resistência de temporização. Quando a tensão através do condensador atinge o nível de limiar, então a saída torna-se baixa.

PIN No.3 - É o descarregamento do condensador externo. Normalmente o Pino No.7 é mantido ligado com o Pino No.6 directamente ou através de uma resistência. Quando a saída se torna baixa no Pino No.3

então o condensador externo é descarregado pelo transístor de descarga interno. Quando a saída no Pino No.3 se torna alta, então o transistor de descarga interno permanece cortado e o condensador externo é carregado em direcção a Vcc.

PIN No.1 - Este é o terminal de alimentação de tensão positiva e está ligado a +Vcc. A voltagem neste Pino No.8 deve estar entre +5V e +15V.

8.1.2 CAPACITORES

Um condensador é um dispositivo para armazenar carga e energia eléctrica. Na sua forma mais simples, consiste em dois condutores paralelos de qualquer forma separados um do outro por um espaço estreito que pode estar vazio ou preenchido com um ou mais materiais dieléctricos.

A capacitância de um condensador é definida como a relação entre a magnitude da carga ou condutor e a diferença potencial dos condutores que formam a capacitância do condensador, dependendo de

    i)   Forma e tamanho dos condutores

    ii)   Separação entre os maestros e

    iii)   Meio dieléctrico entre os condutores.

       $C=Q/v$ A unidade SI de capacitância é o farad (F)

8.1.3 RESISTENTES

De acordo com a lei ohms

"A resistência eléctrica de um condutor é a oposição efectiva oferecida pelo condutor ao agora de cargas através dele e é definida como a taxa de diferença potencial entre as extremidades do condutor e a corrente que flui através do condutor. A unidade SI de resistência é o Ohm (Q).

Código de cor da resister -

As resistências estão disponíveis em várias formas e tamanhos. Entre elas, as resistências de composição de carbono são mais comummente utilizadas. As resistências de composição de carbono são fisicamente muito pequenas e por isso é difícil imprimir o valor de resistência no componente. Em vez disso, é indicado por um código de cor sob a forma de bandas circulares de cor à volta da resistência. A tolerância, ou seja, o desvio percentual do valor nominal é também indicado na Fig.8.2.

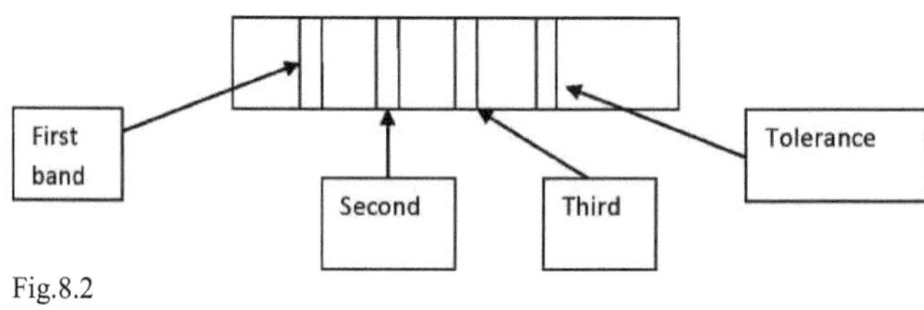

Fig.8.2

No sistema de bandas de cor, geralmente um resistor tem 4 bandas. A banda no fim da resistência indica o primeiro dígito, a banda seguinte (em direcção ao centro da resistência) indica o segundo dígito, enquanto a banda 3- indica o número de Zeros. Que seguem os dois algarismos anteriores. A quarta banda indica a tolerância.

8.1.4 TRANSFORMANTE

Um transformador é um dispositivo eléctrico estático, que transfere energia eléctrica de um circuito eléctrico para o outro que está magneticamente acoplado com ou sem alteração de tensão e sem qualquer alteração de potência e frequência. A utilização básica de um transformador é para aumentar ou diminuir a tensão A.C. Se for utilizado para aumentar a tensão, chama-se transformador de passo para cima, se for utilizado para diminuir a tensão, chama-se transferência de passo para baixo. Se a voltagem não for alterada, chama-se transformador de um para um.

Como o transformador é um aparelho estático, não há peças móveis. Por conseguinte, não há perdas mecânicas num transformador. Por conseguinte, não há perdas mecânicas num transformador. Assim, o 'q' é de ordem 95% a 98%. Não há ranhuras, nem dentes, nem falhas de ar. Assim, a manutenção de um transformador é muito fácil.

Funciona com base no princípio da indução mútua entre duas bobinas acopladas magneticamente.

8.1.5 FORNECIMENTO DE ENERGIA

Todo o nosso circuito funciona utilizando alimentação de 12 Volts DC, como mostrado na Fig. 8.3.

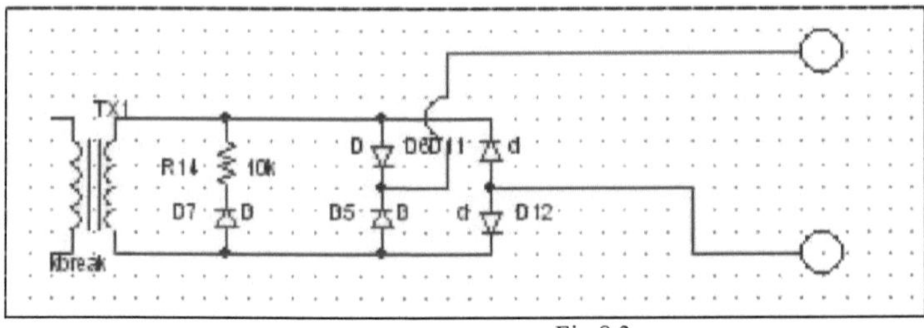

Fig.8.3

Este circuito consiste de um transformador de degrau para baixo e uma ponte de quatro díodos. O transformador de degrau é utilizado para baixar a tensão de 230v para 15v. A ponte de quatro díodos é necessária para converter a corrente de ac para dc. Esta saída é dada ao circuito seguinte para realizar o processo posterior.

8.1.6 CIRCUITOS INTEGRADOS

Um circuito integrado (abreviado como IC) é um pequeno cristal semicondutor de silício, chamado Chip, contendo componentes eléctricos como transístores, díodos, resistências e condensadores. Os vários componentes são interligados no interior do chip para formar um circuito eléctrico. O chip é montado numa embalagem de metal ou plástico, e as ligações são soldadas a pinos externos para formar o CI.

Os circuitos integrados diferem dos outros circuitos electrónicos compostos por componentes destacáveis, uma vez que os componentes individuais no CI não podem ser separados ou desligados e o circuito dentro do pacote só é acessível através dos pinos externos.

Os circuitos integrados vêm em dois tipos de pacotes, o pacote plano3 e o pacote duplo em linha (DIP)

O Pacote Dual in Line é o tipo mais utilizado devido ao baixo preço e fácil instalação nas placas de circuito. O envelope do pacote IC é feito de plástico ou cerâmica. A maioria das embalagens tem tamanhos padrão e o número de pinos varia de 8 a 64. Cada CI tem uma designação numérica impressa na superfície da embalagem para identificação.

O tamanho das embalagens de CI é muito pequeno. Por exemplo, quatro portas AND são fechadas dentro de uma embalagem de 14 pinos duplos em linha com dimensões de 20 x 8 x 3 milímetros.

Para além de uma redução substancial no tamanho, os circuitos integrados oferecem outras vantagens e benefícios em comparação com circuitos electrónicos com componentes discretos. O custo dos circuitos integrados é muito baixo, o que os torna económicos de utilizar. O seu reduzido consumo de pó torna o sistema digital mais económico de operar. Têm elevada fiabilidade contra falhas. Por isso, o sistema digital necessita de menos reparações. A velocidade de funcionamento é maior, o que os torna adequados para operações de alta velocidade. A utilização de circuitos integrados reduz o número de ligações de cabos externos, porque muitas das ligações são internas ao pacote. Devido a todas estas vantagens, os sistemas digitais são sempre construídos com circuitos integrados.

Os CI são classificados em duas categorias gerais, linear e digital. Os circuitos integrados lineares funcionam com sinais contínuos para fornecer funções electrónicas tais como amplificadores e comparadores de tensão. Os circuitos integrados digitais operam com sinais binários e são constituídos por portas digitais interligadas.

8.1.7 DIODE
É uma combinação de semicondutores do tipo P e do tipo n. Ou uma junção P-n é chamada um díodo cristal ou um díodo semicondutor. Simbolicamente, a figura acima mostra-o.

Nota: A seta indica a direcção da corrente convencional, isto é, a corrente de furo Nos furos semicondutores tipo p, os portadores de carga maioritários e os portadores minoritários de electrões.

No tipo n os electrões semicondutores são os portadores de carga maioritários e os orifícios são a tensão aplicada que se opõe à diferença de potencial de junção e para valores da tensão aplicada superiores à diferença de potencial de junção a carga transporta facilmente a junção de ambos os lados. O movimento da maior parte dos portadores constitui uma corrente no circuito externo. Esta corrente aumenta acentuadamente com a voltagem aplicada. Assim, uma junção p-n baseada na frente oferece uma pequena resistência.

8.1.8 TRANSISTOR

Um transistor é um dispositivo semi-condutor de 3 terminais de duas junções cuja acção básica é a amplificação. Existem dois tipos de transístores (i) transístores npn. (ii) transístor pnp.

No nosso circuito utilizamos o transístor npn. Simbolicamente, pode ser representado como abaixo

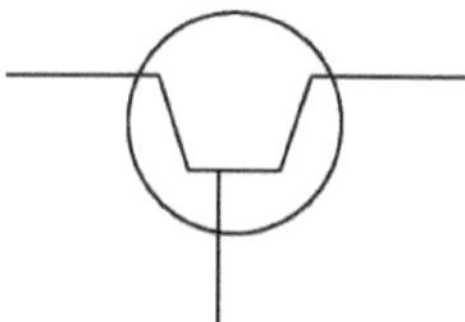

Fig.8.4

Num transistor npn, uma p-região muito estreita é ensanduichada entre duas n-regiões. É representada como abaixo:

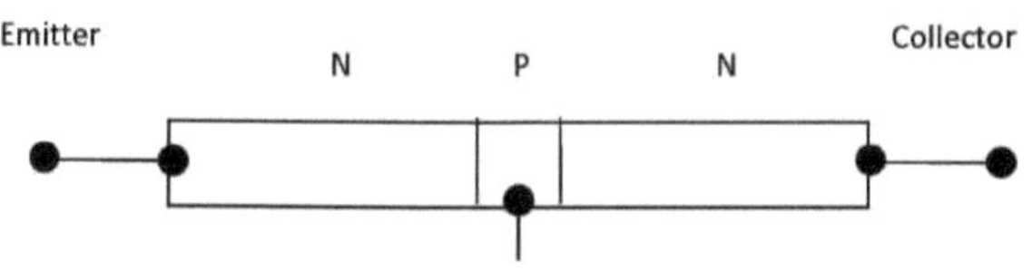

Fig.8.5

Note-se aqui que o emissor está fortemente dopado do que o colector.

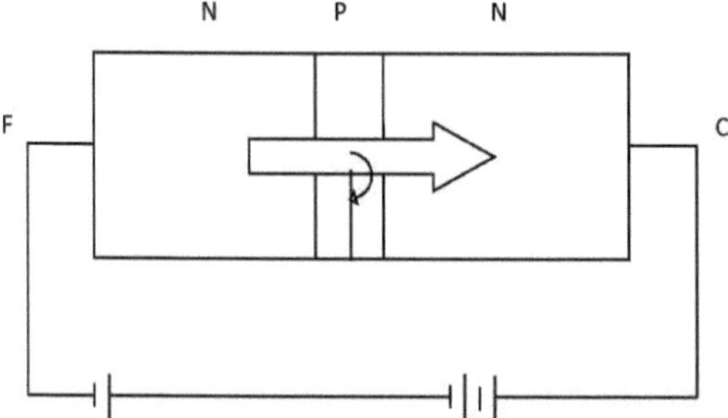

Fig.8.6

No funcionamento normal de um transístor, as junções emissoras estão enviesadas para a frente enquanto a junção base do colector está enviesada para trás. As polaridades da tensão aplicada no caso de um transístor npn são mostradas na figura acima. Sendo o emissor um material do tipo n, possui electrões como portadores maioritários. Uma vez que a junção da base emissora é enviesada para a frente, os electrões do emissor atravessam a junção e entram na região da base. Isto constitui o I_e. de corrente emissora. Uma vez que os electrões fluem através de regiões de base do tipo p, tendem a combinar-se com buracos nessa região. Esta perda de carga da base resulta em corrente de base I_b. O número de electrões que se combinam com os buracos na região da base é muito pequeno, uma vez que a base é muito fina e ligeiramente dependente. Os restantes electrões atravessam a junção do colector de base e são recolhidos por colector. Isto resulta em corrente de colector I_c.

Thus $I_e=I_c$,   Also $I_e=I_b+ I_c$

Através do controlo da corrente da tarifa, a corrente do colector pode ser controlada. Assim, o transistor é um dispositivo controlado por corrente.

O transístor é um componente com 3 fios eléctricos que dele saem. São nomeados B (base), C (colector), e E (emissor). Este é um desenho do transístor BC 547, quatro vezes maior:

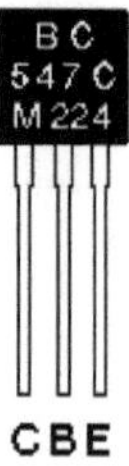

Fig.8.7

Tal transístor custa $ 0,3 em lojas de componentes eléctricos.

Aqui está um desenho clássico para um transístor dentro de diagramas electrónicos, como mostrado na Fig. 8.8.

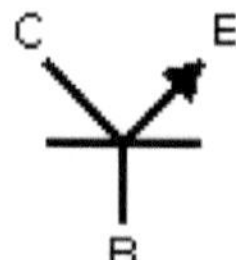

Fig.8.8

8.2 SWITCH

Em electrónica, um **interruptor** é um componente eléctrico que pode interromper um circuito eléctrico, interrompendo a corrente ou desviando-a de um condutor para outro. A forma mais familiar de interruptor é um dispositivo electromecânico operado manualmente com um ou mais conjuntos de contactos eléctricos. Cada conjunto de contactos pode estar num de dois estados: ou "fechado", significando que os contactos estão em contacto e a electricidade pode fluir entre eles, ou "aberto", significando que os contactos estão separados e não condutores.

Desde o advento da lógica digital nos anos 1900, o termo espalhou-se a uma variedade de dispositivos digitais activos, tais como transístores e portas lógicas cuja função é alterar o seu estado de saída entre dois níveis lógicos ou ligar diferentes linhas de sinal, e mesmo computadores, comutadores de rede, cuja função é fornecer ligações entre diferentes portas de uma rede informática. O termo "comutado" é também aplicado às redes de telecomunicações, e significa uma rede que é um circuito comutado, fornecendo circuitos dedicados para a comunicação entre nós finais, tais como a rede telefónica pública comutada. A característica comum de todas estas utilizações é que se referem a dispositivos que controlam um estado binário: estão *ligados* ou *desligados, fechados* ou *abertos, ligados* ou *não ligados.*

7.2.1 SELECÇÃO DE UM INTERRUPTOR

Há três características importantes a considerar ao seleccionar um interruptor:

- **Contactos** (por exemplo, pólo único, lançamento duplo)
- **Avaliações** (tensão e corrente máximas)
- **Método de funcionamento** (alternar, deslizar, chave, etc.)

7.2.2 *TROCAR CONTACTOS*

Vários termos são utilizados para descrever contactos de comutação:

- **Poste** - número de conjuntos de contactos do interruptor.
- **Lance** - número de posições de condução, simples ou duplo.
- **Forma** - número de posições de condução, três ou mais.
- **Momentary** - interruptor regressa à sua posição normal quando libertado.
- **Aberto** - fora de posição, contactos que não conduzem.
- **Fechado** - na posição, contactos de condução, pode haver vários em posições.

Por exemplo: o interruptor on-off mais simples tem um conjunto de contactos (pólo único) e uma posição de comutação que conduz (lançamento único). O mecanismo de comutação tem duas posições: aberto (desligado) e fechado (ligado), mas é chamado 'lançamento único' porque apenas uma posição conduz.

7.2.3 *MUDAR A CLASSIFICAÇÃO DOS CONTACTOS*

Os contactos de comutação são classificados com uma tensão e corrente máximas, e pode haver diferentes classificações para AC e DC. Os valores CA são mais altos porque a corrente cai a zero muitas vezes a cada segundo e é menos provável que se forme um arco através dos contactos do comutador.

Para projectos de electrónica de baixa tensão, a classificação da tensão não terá importância, mas poderá ser necessário verificar a classificação da corrente. A corrente máxima é menor para cargas indutivas (bobinas e motores) porque causam mais faíscas nos contactos quando desligados.

7.2.4 *TÓGULO*

Um interruptor basculante está na posição "ligado", como mostrado na Fig. 8.9.

Fig. 8.9

No caso mais simples, um interruptor tem duas peças de metal chamadas *contactos* que se tocam para fazer um circuito, e se separam para quebrar o circuito. O material de contacto é escolhido pela sua resistência à corrosão, porque a maioria dos metais formam óxidos isolantes que impediriam o comutador de funcionar. Os materiais de contacto são também escolhidos com base na condutividade eléctrica, dureza (resistência ao desgaste abrasivo), resistência mecânica, baixo custo e baixa toxicidade.

Por vezes os contactos são revestidos com metais nobres. Podem ser concebidos para se limparem uns contra os outros para limpar qualquer contaminação. Condutores não metálicos, tais como plástico condutor, são por vezes utilizados.

Diz-se que um par de contactos é 'fechado' quando não há espaço entre eles, permitindo que a electricidade flua de um para o outro. Quando os contactos são separados por uma caixa de ar isolante, um espaço de ar, diz-se que estão 'abertos', e que nenhuma electricidade pode fluir a tensões típicas.

Os interruptores podem ser e são classificados de acordo com a disposição dos seus contactos no campo da electrónica - mas os electricistas no ramo dos serviços de cablagem eléctrica e as suas indústrias fornecedoras de electricidade utilizam nomenclatura diferente, tais como interruptores "unidireccionais", "bidireccionais", "de três vias" e "de quatro vias" - que têm significados diferentes nas regiões culturais norte-americanas e britânicas, tal como se encontra delineado na tabela abaixo.

Alguns contactos são normalmente abertos (abreviado *"n. o." ou "não")* até serem fechados pelo funcionamento do interruptor, enquanto outros são normalmente fechados *("n.c. ou "nc")* e abertos pela acção do interruptor, onde as abreviaturas dadas são normalmente utilizadas em diagramas electrónicos para clareza de funcionamento na montagem, análise ou resolução de problemas. Servem para sincronizar o significado com possíveis erros na montagem da cablagem, onde a cablagem parte do interruptor de um modo e parte do outro (geralmente oposto) garante que as coisas não funcionarão tal como foram concebidas.

Um interruptor com ambos os tipos de contacto, que pode ligar um circuito numa posição e pode ligar outro circuito noutra posição, chama-se comutador de comutação ou contacto de comutação "make-before-break", enquanto que a maioria dos interruptores tem uma acção de mola que desliga momentaneamente a carga e por isso são do tipo "break-before-make" por contraste - que tipo é utilizado pode ser importante, se, por exemplo, o interruptor seleccionar duas fontes de energia diferentes em vez de comutar cargas do circuito, ou a carga do circuito não vai tolerar e não pode tolerar qualquer interrupção na energia aplicada.

Os termos *poste* e *lançamento* são também utilizados para descrever variações de contactos de comutação. Um *pólo* é um conjunto de contactos, os terminais eléctricos do interruptor que estão ligados e pertencem a um único circuito, geralmente uma carga. Um *lançamento* é uma de duas ou mais posições (a nomenclatura é também aplicada aos interruptores rotativos, que podem ter muitas posições de "lançamento") que o interruptor pode adoptar, que normalmente, mas nem sempre correspondem às posições numéricas que o manípulo ou rotor do interruptor pode tomar ao ligar entre o cabo comum do interruptor e um pólo ou postes. Uma posição de lançamento que não liga terminais (postes), tem uma correspondência errada entre posições e posições que ligam terminais, mas são bastante úteis para desligar ou, por exemplo, seleccionar alternativamente entre dois modos de funcionamento em escala. (por exemplo, iluminação brilhante, iluminação moderada, sem iluminação).

Estes termos dão origem a abreviaturas para os tipos de interruptor que são utilizados na indústria electrónica, tais como "single-pole, single-throw" (SPST) (o tipo mais simples, "on ou off") ou "single-pole, double-throw" (SPDT), ligando um de dois terminais ao terminal comum. Na cablagem eléctrica (isto é, cablagem de casa e edifício por electricistas) são utilizados nomes que geralmente envolvem a palavra sufixada *"-way"*; contudo, estes termos diferem entre o inglês britânico e o americano e os termos *two way* e *three way* são utilizados em ambos com significados diferentes.

7.3 RELAY

Um relé é um simples **interruptor electromecânico** composto por um electroíman e um conjunto de contactos. Os relés são encontrados escondidos em todo o tipo de dispositivos. De facto, alguns dos primeiros computadores alguma vez construídos utilizaram relés para implementar portões Booleanos. Um relé é mostrado na Fig. 8.10.

Fig. 8.10

7.3.1 CONSTRUÇÃO DE ESTAFETAS

Os retransmissores são dispositivos surpreendentemente simples. Há quatro partes em cada relé -

> Electromagnético

> Armadura que pode ser atraída pelo electromagnete

> Primavera

> Conjunto de contactos eléctricos

A retransmissão consiste em dois **circuitos** separados e completamente independentes. O primeiro está no fundo e acciona o electromagnete. Neste circuito, um interruptor controla a potência do electroíman. Quando o interruptor está ligado, o electroíman está ligado, e atrai a armadura (azul). A armadura actua como um interruptor no segundo circuito. Quando o electroíman é energizado, a armadura completa o segundo circuito e a luz está ligada. Quando o electroíman não está energizado, a mola puxa a armadura para longe e o circuito não está completo. Nesse caso, a luz é escura.

Quando compramos relés, geralmente temos controlo sobre várias variáveis -

❖ A tensão e corrente que é necessária para activar a armadura.

❖ A tensão e corrente máximas que podem passar através da armadura e dos contactos da armadura.

❖ O número de armaduras (geralmente uma ou duas).

❖ O número de contactos para a armadura (geralmente um ou dois -- o relé aqui mostrado tem dois, um dos quais não é utilizado) .

❖ Se o contacto (se for fornecido apenas um contacto) é normalmente aberto (**NÃO**) ou normalmente fechado (**NC**).

7.3.2 APLICAÇÕES DE RELÉ

Em geral, o objectivo de um relé é utilizar uma pequena quantidade de energia no electroíman - vindo, digamos, de um pequeno interruptor do painel de instrumentos ou de um circuito electrónico de baixa potência - para mover uma armadura capaz de mudar uma quantidade de energia muito maior. Por exemplo, pode querer que o electroíman eléctrico energize usando 5 volts e 50 miliamperes (250 milliwatts), enquanto a armadura pode suportar 120V AC a 2 amperes (240 watts

Os relés são bastante comuns em aparelhos domésticos onde existe um controlo electrónico que liga algo como um motor ou uma luz. São também comuns em automóveis, onde a tensão de alimentação de 12V significa que quase tudo necessita de uma grande quantidade de corrente. Em automóveis de modelos posteriores, os fabricantes começaram a combinar painéis de relé na caixa de fusíveis para facilitar a manutenção. Um relé electromagnético é um tipo de interruptor eléctrico controlado por um electroíman. O relé electromagnético é utilizado numa variedade de aplicações, incluindo alarmes e sensores, comutação de sinais, e a detecção e controlo de falhas nas linhas de distribuição eléctrica. O relé electromagnético foi inventado em 1835, e a sua função simples não mudou muito desde então. Os consumidores interagem diariamente com o relé electromagnético numa variedade de formas, desde luzes de escritório temporizadas a botões de teste e outros dispositivos de controlo de qualidade.

O núcleo do relé electromagnético, naturalmente, é um electroíman, formado pelo enrolamento de uma bobina em torno de um núcleo de ferro. Quando a bobina é energizada ao passar corrente através dela, o núcleo, por sua vez, fica magnetizado, atraindo uma armadura de ferro pivotante. À medida que a armadura pivota, opera um ou mais conjuntos de contactos, afectando assim o circuito. Quando a carga magnética é perdida, a armadura e os contactos são libertados. A desmagnetização pode causar um salto de tensão através da bobina, danificando outros componentes do dispositivo quando desligado. Por conseguinte, o relé electromagnético faz normalmente uso de um díodo para restringir o fluxo da carga, com o cátodo ligado na extremidade mais positiva da bobina.

Os contactos sobre um relé electromagnético podem assumir três formas. Os contactos normalmente abertos ligam o circuito quando o dispositivo é activado e desligam-no quando o dispositivo não está activo, como um interruptor de luz. Os contactos normalmente fechados desligam o circuito quando o relé é magnetizado, e uma comutação incorpora um de cada tipo de contacto. A configuração dos contactos depende da aplicação pretendida do dispositivo.

O relé electromagnético é capaz de controlar uma saída de maior potência do que a entrada, e é frequentemente utilizado como amortecedor para isolar circuitos de potenciais de energia variáveis como resultado. Quando uma corrente baixa é aplicada ao electroíman, atirando o interruptor, o dispositivo é capaz de permitir que uma corrente mais elevada flua através dele. Isto é vantajoso em algumas aplicações, tais como alarmes de disparo e outros dispositivos de segurança, porque uma corrente baixa mais segura pode ser utilizada para activar uma aplicação que requeira mais energia.

8.4 FREQUÊNCIA DE RÁDIO

A frequência é o ritmo a que o ciclo de uma perturbação periódica se repete. A frequência fundamental da unidade é Hertz equivalente a um ciclo por segundo. As perturbações de ondas no espectro EM podem ter frequências que vão desde menos de 1 Hertz a triliões de Tera Hertz. A gama de frequências áudio (AF), na qual o ouvido humano pode detectar energia acústica, varia de cerca de 20 Hz a 20 KHz. O espectro de rádio, ou gama de radiofrequência (RF), estende-se de alguns KHz até muitos GHz.

Uma vez que tem as seguintes vantagens, é amplamente utilizado

> Ganhos de ralador, ou seja, melhor sensibilidade
> Rejeição melhorada da imagem-frequência
> Melhoria da relação sinal/ruído
> Melhor selectividade

Melhor acoplamento do receptor à antena

8.4.1 PORQUÊ APENAS RADIOFREQUÊNCIA?

O receptor com uma fase de RF é sem dúvida superior em desempenho ao receptor sem uma, sendo tudo o resto igual. Por outro lado, existem alguns casos, em que o amplificador RF não é económico, ou seja, em que a sua inclusão aumentaria significativamente o custo do receptor, melhorando apenas marginalmente o desempenho.

8.4.2 VANTAGENS

1. Ganhos de ralador, ou seja, melhor sensibilidade
2. Melhoria da rejeição da frequência de imagem
3. Melhoria da relação sinal/ruído
4. Melhor selectividade

Melhor acoplamento do receptor à antena

CAPÍTULO 9

SISTEMAS DE ARMAZENAMENTO DE ENERGIA

9.1 INTRODUÇÃO

O maior, mais eficaz e útil sistema de armazenamento de energia é a água do mar, que em diferentes formas fornece energia quando necessário. No entanto, falando de sistemas de armazenamento feitos pelo homem; o volante é um método muito útil de armazenamento de energia. No entanto, a quantidade de energia armazenada é muito pequena, mas é de utilização suficiente em veículos, fábricas, etc. Outra forma muito útil de armazenamento de energia é o sistema de baterias. A bateria armazena energia química sob a forma de espécies reactivas (durante a carga) e liberta energia como energia eléctrica (durante a descarga).

Sistemas de baterias: Uma bateria é constituída por células. Os componentes básicos de uma célula electrolítica são um eléctrodo positivo e negativo e um electrólito. Normalmente o eléctrodo positivo é de óxido ou fornecido, etc., enquanto o eléctrodo negativo é de metal. O electrólito actua como um circuito interno entre os eléctrodos. O electrólito é um não condutor de electrões para evitar a auto-descarga. Outros componentes de uma célula incluem colectores e separadores de corrente. Dos dois tipos de baterias disponíveis via, baterias primárias e baterias secundárias, consideramos as baterias secundárias, uma vez que podem ser recarregadas enquanto as baterias primárias são para descarga única e utilização única.

9.2 DO QUÍMICO AO ELÉCTRICO

Para compreender a conversão da energia química à sua contraparte eléctrica, temos de considerar uma célula Daniel padrão. A energia armazenada numa bateria é a diferença em energia livre AG entre os componentes químicos em estado carregado e descarregado.

Reacção:

$$Cu^{2+}Zn \to Cu + Zn^{2+} \text{------------} (1)$$

Esta é a base da célula de Daniel. A energia gratuita para a actividade unitária de Cu- e Zn- iões é de -212 KJ por mol a 25°C. Se o metal Zn for adicionado à solução de iões de cobre, o metal de cobre é precipitado. No contexto da bateria, podemos compreender a equação (1) como

$$Cu^{2+} + 2e^- Cu \text{----------------} (ii)$$

$$Zn\ Zn^{2+} + 2e^- \text{-----------------} (iii)$$

Se as equações (ii) e (iii) tiverem lugar num local, a precipitação ocorre. Contudo, se tiverem lugar em dois locais diferentes, ou seja, os dois eléctrodos são ligados através de circuito externo, e depois os electrões podem ser utilizados. No caso de uma equação celular de Daniel (i), a energia química é libertada e pode ser utilizada como energia eléctrica, como se mostra na Fig. 9.1. Uma célula que produz espontaneamente uma voltagem é chamada célula galvânica e uma célula que é movida por voltagem externa é chamada célula de electrólise.

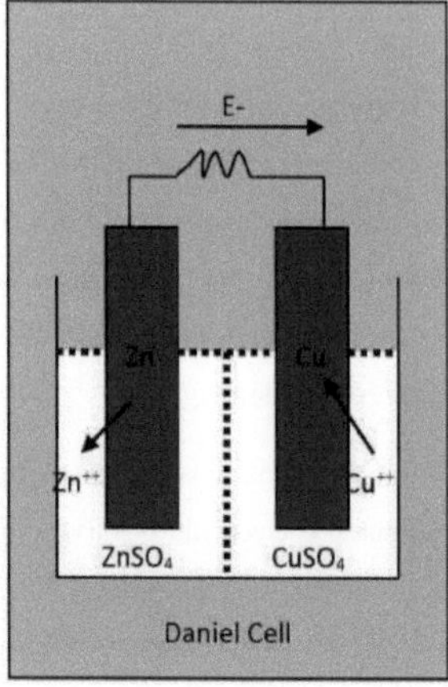

Fig.9.1

A energia específica de uma bateria é a energia máxima que pode ser gerada por unidade de massa total de reagentes celulares.

$$\text{Specific Energy} = -\Delta G / \textstyle\sum M_i$$

Onde -AG é a energia máxima disponível e £Mi é a soma dos pesos moleculares das espécies individuais envolvidas na reacção da bateria.

Tendo em consideração o acima exposto, a energia específica máxima estaria idealmente disponível se fosse utilizado um elemento altamente electro negativo e um elemento altamente electro positivo, ambos de baixo peso atómico. Hidrogénio Lítio ou Sódio para o reactante negativo e Halogéneos, Oxigénio ou Enxofre para o positivo poderiam ser a melhor escolha.

9.3 BATERIAS MODERNAS

Dependendo da utilização, estão disponíveis baterias especiais para aplicações específicas, por exemplo, aplicação em naves espaciais ou para serem utilizadas em áreas extremamente frias ou em áreas extremamente quentes, etc. Em alguns casos, o factor de potência pode ser importante, não o volume ou o peso, enquanto que, noutros, tanto o volume como o peso podem ter de ser mantidos tão baixos quanto possível. Entre as várias baterias, a mais versátil e de mais baixo custo é a de chumbo/ácido.

Bateria de chumbo/ácido: Numa bateria de chumbo/ácido, uma grelha de chumbo ou liga de chumbo, serve tanto de colector de corrente como de suporte do material activo. Os eléctrodos são imersos num electrólito, que consiste numa solução aquosa concentrada de H_2SO_4 (35 wt %). As chapas finas de isoladores porosos (separadores) são utilizadas para separar as placas positivas e negativas umas das outras. O material activo de ambas as polaridades dos eléctrodos é convertido em sulfato de chumbo durante a descarga da bateria.

48

Assim, o electrólito de ácido sulfúrico participa na reacção celular como terceiro material activo.

A bateria de chumbo ácido é versátil e tem as seguintes grandes vantagens -

- A mais alta voltagem celular de todas as baterias utilizando electrólito aquoso.
- Capacidade de fornecer tanto correntes altas como baixas. Boa reversibilidade com elevada eficiência energética (~80%)
- Baixo custo em comparação com outras baterias secundárias.
- Instalações de fabrico e reciclagem estabelecidas.
- No entanto, as suas desvantagens são:
- Peso pesado de material básico de construção.
- Baixo ciclo de vida.
- Longo tempo de recarga.

Recentemente, o tempo de recarregamento foi consideravelmente reduzido. Além disso, a recarga rápida através de novos métodos melhora a vida útil de uma bateria. Além disso, o actual método nanotecnológico de fabrico de placas parece ter melhorado o tempo de vida útil das baterias de chumbo ácido em três vezes aproximadamente. Num futuro próximo, o tempo de vida útil pode facilmente ser de cerca de doze anos.

9.4 CARREGAMENTO DA BATERIA

Se as baterias forem utilizadas para tracção, tais como motores lineares ou carros, etc., seria desejável recarregar a bateria no mais curto espaço de tempo possível.

Nos últimos anos, foram feitos progressos consideráveis no processo de cobrança. Existem dois tipos de cobrança, a saber, condutiva e indutiva. No tipo condutivo de processo de carga, os fios directos são ligados entre a fonte de alimentação eléctrica, o carregador e a bateria. Na carga indutiva, não há ligação directa de fios entre a fonte de electricidade e a bateria. No tipo indutivo de carga, uma alimentação AC activa a bobina primária do transformador. Enquanto que a secundária faz parte do sistema em que a bateria vai ser carregada (digamos, um veículo). Para o carregador indutivo, é necessário um rectificador a bordo para converter a corrente alternada em corrente contínua para bateria. A técnica de pulso é outro método eficiente para reduzir o tempo de recarga. Está a ser feita uma investigação considerável para conseguir uma carga mais rápida sem degradar o desempenho da bateria.

O avançado Lead-Acid Battery Consortium (ALABC) dos EUA desenvolveu um procedimento, no qual a bateria é carregada através de uma série de impulsos de corrente. A corrente média de conjuntos consecutivos de impulsos é reduzida ao diminuir simultaneamente a amplitude da corrente e o ciclo de funcionamento. O disparo da mudança nestes dois parâmetros é iniciado ou por voltagem livre de resistência ou por quantidade de retorno de carga. A componente de tensão (V=IR0 é subtraída da tensão pulsada durante o tempo ON para dar resistência à tensão livre, pulsada. A fase de carga de tensão constante é iniciada com uma corrente pulsada média baixa (~0,5A). Isto mantém a sobrecarga a um mínimo. Assim, a perda de água é minimizada.

Isto indica que estão abertas novas áreas de investigação, no campo dos materiais, novos desenhos de baterias, etc. Recentemente, a utilização da nanotecnologia para o desenvolvimento de placas de baterias de chumbo-ácido aumentou a vida média das baterias de três a quatro vezes.

CAPÍTULO 10

VANTAGENS E APLICAÇÕES

10.1 VANTAGENS DO STFR

1. Automação nas operações de policiamento, reduzindo o controlo manual.

2. Evita os erros manuais.

3. O Robo pode ser controlado a partir da estação base.

4. O Robo não é tripulado e será seguro de vaguear na área afectada pelo motim, controlado a partir da estação base distante.

5. Poupa infiltrações e invasões na área.

6. Activação por GSM para as autoridades competentes e transferência de câmaras e vídeos para ter a visualização da situação em primeira mão a partir do monitor remoto.

7. A libertação de gás não letal irá imobilizar as pessoas que estão a causar os danos e controlar a situação.

8. A informação em primeira mão é mostrada na estação base através do vídeo que ajuda a uma decisão adequada e a uma acção correctiva.

9. A autoridade em questão receberá a chamada GSM.

10. A perturbação sonora na cidade e nas ruas activará o veículo e activará o GSM que se torna oportuno para atender.

11. Uma pistola laser para apontar e disparar e tomar medidas imediatas necessárias para a situação reduz o dano criado pela situação.

10.2 CANDIDATURAS

> É utilizado em operações de policiamento para controlar actividades de inocência e multidões.

> Pode ser utilizado em aplicações militares.

> Pode ser utilizado para controlar actividades terroristas em locais públicos.

> Pode ser utilizado em situações como o controlo de tráfego.

> Pode ser utilizado para controlar situações como acidentes.

51

CAPÍTULO 11

MELHORIAS FUTURAS

11.1 MELHORIAS FUTURAS

❖ As futuras operações militares baseiam-se na premissa de "fazer mais com menos", o que se traduz directamente em requisitos de armas multiusos com capacidade para múltiplas missões.

❖ As armas de pequeno e médio calibre são utilizadas de forma generalizada e são fundamentais para a eficácia da missão de sistemas como os helicópteros Apache, Comanche e Blackhawk, futuros blindados, Scout e Cavalaria e sistemas individuais de infantaria e sistemas de armamento aeronáutico e de defesa pontual naval.

❖ Os melhoramentos virão da miniaturização da segurança, do disparo, da espoleta e da orientação e controlo e da melhor integração das funções de controlo de incêndios em armas individuais, de tripulação, e de plataforma.

❖ Os factores de desempenho melhorados previstos incluem o aumento da velocidade dos bicos e da taxa de fogo para aumentar a letalidade e o alcance do standoff para aumentar a segurança e a capacidade de sobrevivência das forças.

CONCLUSÃO

Estes robôs podem ser altamente móveis com sistemas áudio e visuais sofisticados, tendo a opção de os utilizar em várias situações. Embora os robôs sejam caros, o seu custo é pequeno quando comparado com o da vida humana. Alguns robôs podem ser tornados resistentes a múltiplas explosões. Ao investigar uma potencial bomba, os agentes policiais podem utilizar as câmaras do robô para avaliar a situação. Se o robô for capaz de alcançar o dispositivo suspeito, o operador pode usar a garra para agarrar o dispositivo, levantá-lo e movê-lo para um local livre para detonação. Nos casos em que o dispositivo não é facilmente acessível ou parece ter um mecanismo de detonação que será activado se o dispositivo se mover, a polícia pode ter de detonar o dispositivo no local.obots também podem ser utilizados como dispositivo de vigilância. Um robô com microfones e visão nocturna pode aproximar-se de uma área potencialmente insegura enquanto transmite informações de volta ao operador. A utilização de um robô pode ajudar a reduzir o tempo que a polícia leva para avaliar uma situação, sem colocar um agente em risco.Ao utilizar o sistema áudio bidireccional, a polícia pode comunicar com qualquer pessoa, desde suspeitos a reféns. Os robôs são úteis em situações de negociação porque, a menos que estejam visivelmente armados, são relativamente não ameaçadores. Outro benefício é que as câmaras dos robôs podem continuar a recolher informação enquanto a polícia utiliza o sistema áudio para comunicar com pessoas com situações perigosas sem arriscar a vida de um agente. Estes robôs podem ter sensores que podem detectar desde narcóticos a armas biológicas, radioactivas ou químicas. Os robôs ajudam os primeiros a determinar o quão perigosa é uma área de forma rápida e segura. Os operadores podem manobrar robôs através de ambientes perigosos para encontrar sobreviventes. Alguns robôs são suficientemente fortes para arrastar as vítimas para fora de situações letais. Mais avançados no futuro, estes robôs poderão ser mais autónomos, eliminando a necessidade de um operador humano a dar os tiros a partir de uma consola de comando. À medida que os robôs se tornam mais ágeis, podemos ver um aumento da presença de uma polícia robótica armada.

BIBLIOGRAFIA

[1] Tecnologia de Robótica e Automação Flexível da S.R. DEB.
[2] Robótica Industrial por Mikell P. Groover
[3] Produção assistida por computador por P.N. Rao, N K Tewari
[4] Livro de texto de Machine Design, por R.S.Khurmi & J.K. Gupta

APÊNDICE -A

TERMINOLOGIES

MODULAÇÃO

As variações da onda portadora de acordo com os sinais moduladores, os parâmetros podem ser amplitude, frequência e fase. Por conseguinte, as técnicas de modulação são modulação de amplitude, modulação de frequência e modulação de fase.

DEMODULAÇÃO

A desmodulação é o acto de extrair o sinal portador de informação original de uma onda portadora modulada. Um **desmodulador** é um circuito electrónico (ou programa de computador num rádio definido por software) que é utilizado para recuperar o conteúdo de informação de uma onda portadora modulada. É o processo inverso da modulação.

CHANNEL

É o meio através do qual a onda ou sinal se propaga.

RUÍDO

É a perturbação para a propagação dos sinais desejados. Trata-se de um sinal não desejado.

RF TRANSMISSOR

Como o próprio nome indica, o transmissor RF/HF é um dispositivo electromagnético, ou seja, um rádio transmissor que trabalha na gama de alta frequência.

RESOLUÇÃO ESPACIAL

Refere-se ao menor incremento de movimento na extremidade do pulso que pode ser controlado pelo robô. Isto depende da resolução de controlo do robô, que por sua vez depende dos seus sistemas de controlo de posição e medição de feedback. Assim, a resolução espacial é a soma da resolução de controlo e destas imprecisões mecânicas.

ACCURACIA

A precisão de um robô pode ser definida como a sua capacidade de posicionar a extremidade do pulso num ponto-alvo desejado ao seu alcance (volume de trabalho).

REPETIBILIDADE

A repetibilidade de um robô pode ser definida como a sua capacidade de posicionar o seu efeito final num ponto do seu volume de trabalho que lhe tinha sido previamente ensinado.

IMAGENS DO APÊNDICE-B DO ROBÔ

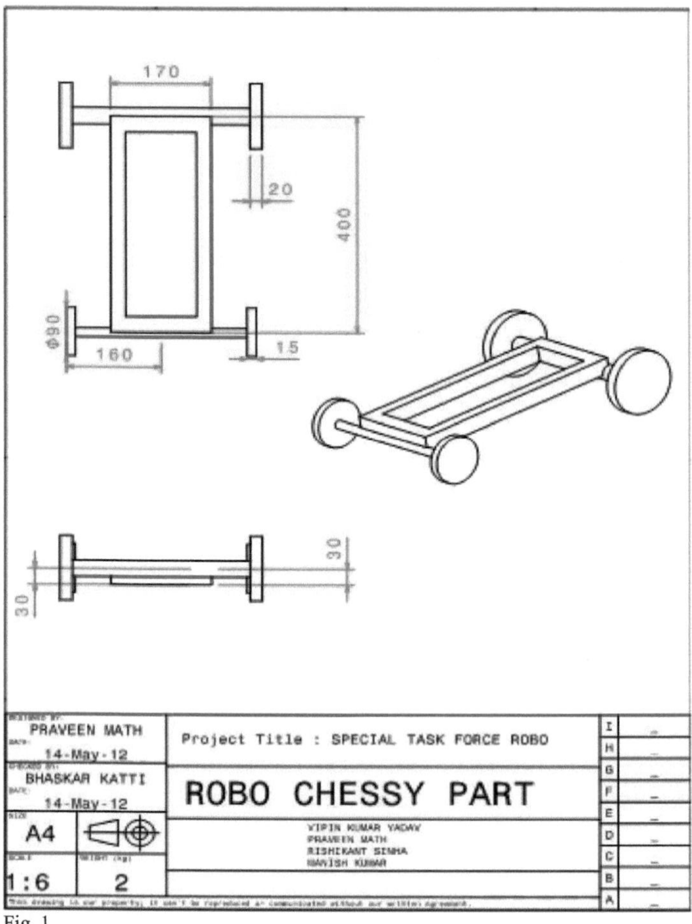

Fig. 1

15
Ø90
10
FRONT AXLE
170
20
Ø20
20
Ø150
REAR AXLE
PRAVEEN MATH
14-May-12
BHASKAR KATTI
14-MAY-12
A4
1:6
0.8
Project Title: SPECIAL TASK FORCE ROBO
FRONT AND REAR WHEEL AXLE
Group   VIPIN KUMAR YADAV, PRAVEEN MATH
RISHIKANT SINHA, MANISH KUMAR
I
H
G
F
E
D
C
B
A

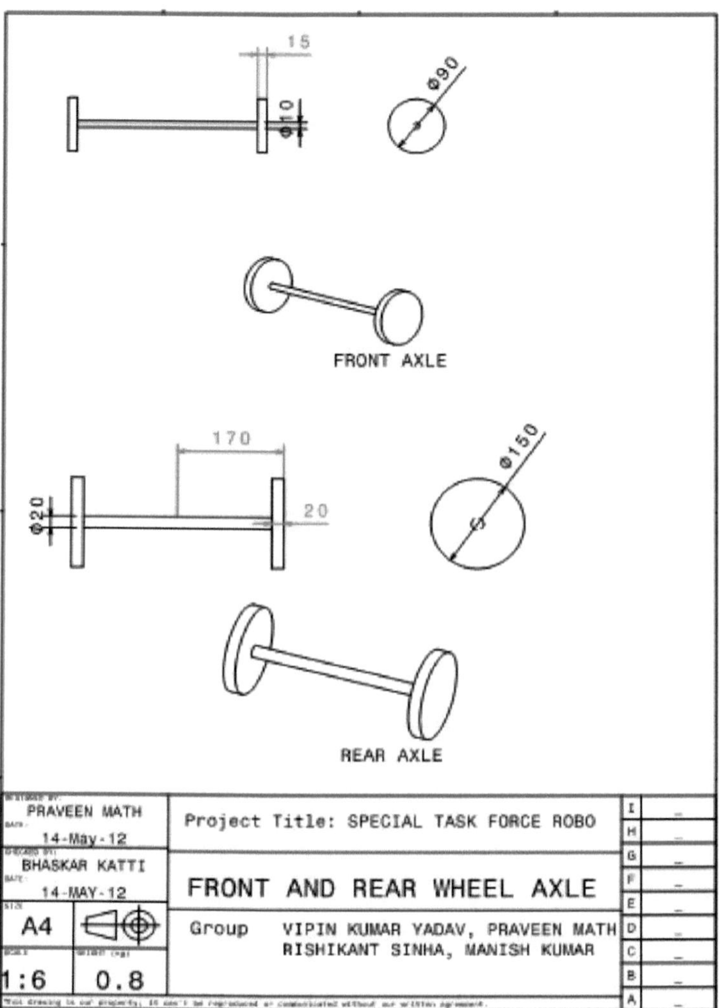

Fig. 2

DESIGNED BY:
PRAVEEN MATH
DATE:
14-May-12
CHECKED BY:
BHASKAR KATTI
DATE:
14-MAY-12
SIZE
A4
SCALE
1:6
WEIGHT (kg)
12
SPECIAL TASK FORCE
ROBO
Group:
    VIPIN KUMAR YADAV, PRAVEEN MATH,
    RISHIKANT SINHA, MANISH KUMAR
I
H
G
F
E
D
C
B
A
This drawing is our property, it can't be reproduced or communicated without our written agreement.

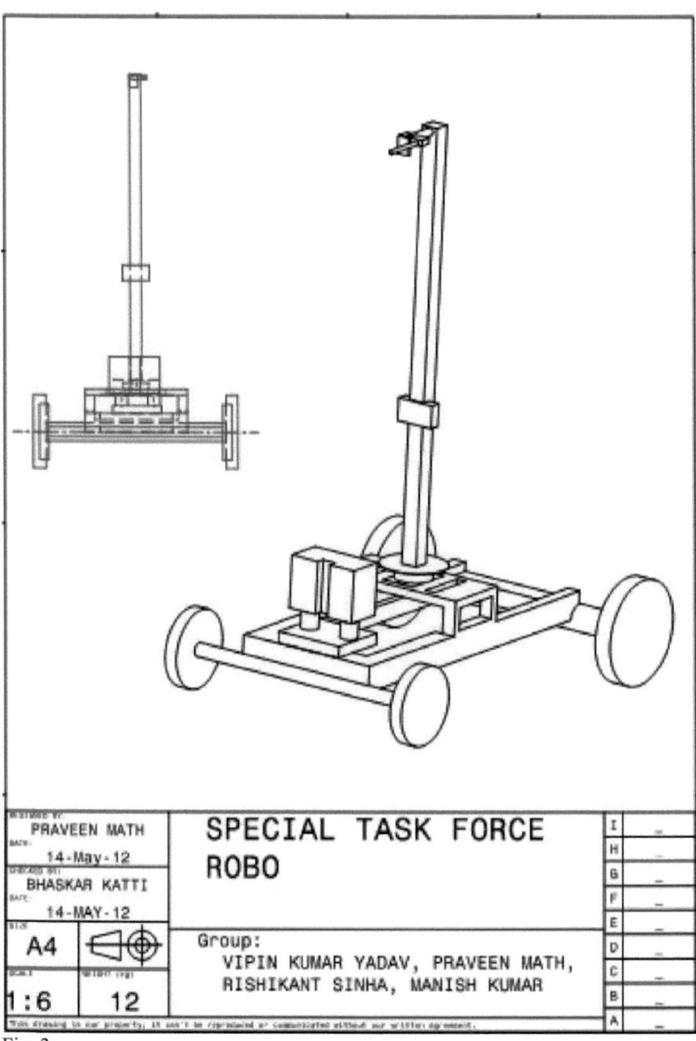

Fig. 3

Printed by Books on Demand GmbH, Norderstedt / Germany